21 世纪高等院校实用规划教材

C 语言程序设计实验教程

主　编　朴英花　李　波
副主编　刘　杰　李子梅

内 容 简 介

本书是北京大学出版社出版的《C语言程序设计教程》的配套实验指导教材。本书内容从教学实际需要出发，兼顾不同学生的实际计算机水平，共设置了四部分内容：第一部分给出每章主要内容的上机指导，对上机中易犯的错误进行细致的分析；第二部分给出配合教学并培养动手和独立思考能力的16个实验项目；第三部分为提高学生程序设计的综合能力给出不同类型的课程设计题目，对学习内容进行一定的拓展；第四部分为配合学生期末复习给出4套自我测试练习题以及两套C语言二级等级考试模拟题。附录部除给出实验报告和课程设计报告的参考样本外，还分析上机中的常见错误。通过对本书的学习，学生可以体会、消化、掌握和应用C语言程序设计的相关知识和技术。

本书通俗易懂，逻辑性强，实验内容设置合理，适合各类高等院校C语言程序设计课程的实验教学，同时也可以作为学习C语言程序设计的辅助教材和参考书。

图书在版编目(CIP)数据

C语言程序设计实验教程/朴英花，李波主编. —北京：北京大学出版社，2015.8
（21世纪高等院校实用规划教材）
ISBN 978-7-301-25714-2

Ⅰ. ①C… Ⅱ. ①朴…②李… Ⅲ. ①C语言—程序设计—高等学校—教材 Ⅳ. ①TP312

中国版本图书馆CIP数据核字（2015）第086273号

书　　名	C语言程序设计实验教程
著作责任者	朴英花　李　波　主编
责任编辑	郑　双
标准书号	ISBN 978-7-301-25714-2
出版发行	北京大学出版社
地　　址	北京市海淀区成府路205号　100871
网　　址	http://www.pup.cn　新浪微博：@北京大学出版社
电子邮箱	编辑部 pup6@pup.cn　总编室 zpup@pup.cn
电　　话	邮购部 010-62752015　发行部 010-62750672　编辑部 010-62750667
印刷者	北京圣夫亚美印刷有限公司
经销者	新华书店
	787毫米×1092毫米　16开本　11.75印张　272千字
	2015年8月第1版　2025年1月第10次印刷
定　　价	29.00元

未经许可，不得以任何方式复制或抄袭本书之部分或全部内容。
版权所有，侵权必究
举报电话：010-62752024　电子邮箱：fd@pup.cn
图书如有印装质量问题，请与出版部联系，电话：010-62756370

前　　言

　　"C语言程序设计"是一门实践性很强的计算机基础课程，该课程的学习有其自身的特点，由于其功能强，编程限制少，灵活性大，也意味着不好把握，易出错，难检错，调试困难。所以对用户要求较高，尤其是初学者会感到很难学，普遍反映上课能听懂，课后不能解题，编程无从下手。本书的编写就是针对这些问题，力图做到概念叙述简明清晰、通俗易懂，例题、习题针对性强。希望此书能成为读者学习C程序设计过程中解惑的工具、能力培养的助手。

　　本书配合主教材的使用，在教学和实践中起到较好的辅助作用。使用本书时，学习者必须通过大量的编程训练，在实践中掌握程序设计语言，培养程序设计的基本能力，并逐步理解和掌握程序设计的思想和方法，为后续的课程设计及其他应用做好充分的准备。具体地说，通过上机实践，应该达到以下几点要求。

　　(1) 能很好地掌握一种程序设计开发环境(如 Visual C++ 6.0)的基本操作方法，掌握应用程序开发的一般步骤。

　　(2) 在程序设计和程序调试的过程中，可以进一步理解配套教材中各章节的主要知识点，特别是一些语法规则的理解和运用，程序设计中的常用算法和构造及应用，也就是所谓"在编程中学习编程"。

　　(3) 通过上机实践，提高程序分析、程序设计和程序调试的能力。

　　本书采用 VC++ 6.0 作为实验环境，共分4个部分，每部分都有明确的针对性。

　　第一部分是上机指导，通过典型例题归纳出学生平时上机容易出现的问题以及知识点掌握薄弱的环节，指导学生在 VC++ 6.0 集成环境下进行编辑、编译、调试和运行C程序的方法。

　　第二部分是实验内容，共设计16个实验配合教学。实验程序的选择既考虑了知识点的覆盖面，以培养程序设计的能力为主线，达到巩固课堂所学知识的目的，又重点兼顾了计算机等级考试的能力训练，旨在培养综合能力。读者可以通过实际训练中的由浅入深式学习，逐步熟悉编程环境，掌握程序调试方法，理解和掌握程序设计的思想、方法和技巧。

　　第三部分是能力的提升，给出不同类型课程设计的题目，旨在拓宽知识面和加大深度，便于进一步的学习。本部分内容删除了以往 Turbo C 环境中函数使用方法的介绍，增加了VC++ 6.0 系统环境下与绘图和动画相关的函数介绍。

　　第四部分是模拟测试题，给出4套自我测试的练习题以及2套C语言全国二级等级考试题，配合学生在期末总复习以及等级考试时进行自测练习。

　　本书内容丰富、结构紧凑、选题典型、重点突出，对初学计算机课程的学生来说，本书既可作为学习过程的指导，又可作为期末复习的参考。

　　本书由朴英花统稿，杨忠宝审稿。具体编写分工为：第一部分由李子梅编写，第二部分由朴英花编写，第三部分由李波编写，第四部分由刘杰编写。书中所有程序均在 VC++ 6.0 环境下调试通过。

在本书的编写过程中，参考了大量有关 C 语言程序设计的书籍和资料，编者在此对相关作者表示感谢。在本书的编写过程中，长春工程学院计算机基础教学中心的教师提出了很多宝贵意见和建议，在此表示感谢。

由于编者水平有限，书中难免存在疏漏和不足之处，恳请广大读者不吝赐教，给予指正。

编　者
2015 年 1 月

目 录

第一部分 上机指导 1
  1.1 第 1 章上机练习 1
  1.2 第 2 章上机练习 6
  1.3 第 3 章上机练习 9
  1.4 第 4 章上机练习 12
  1.5 第 5 章上机练习 15
  1.6 第 6 章上机练习 17
  1.7 第 7 章上机练习 22
  1.8 第 8 章上机练习 26
  1.9 第 9 章上机练习 29
  1.10 第 10 章上机练习 33

第二部分 实验项目 37
  2.1 C 程序设计初步 37
  2.2 顺序结构程序设计 38
  2.3 选择结构程序设计 41
  2.4 单层循环程序设计 44
  2.5 嵌套循环程序设计 46
  2.6 一维数组程序设计 49
  2.7 二维数组程序设计 52
  2.8 字符数组程序设计 56
  2.9 函数调用程序设计 59
  2.10 递归函数和数组作为参数
       程序设计 61
  2.11 指针与变量程序设计 64
  2.12 指针与数组程序设计 68
  2.13 指针与字符串程序设计 71
  2.14 结构体程序设计 74
  2.15 文件程序设计 78
  2.16 综合程序设计(大作业) 81

第三部分 课程设计 83
  3.1 概述 83
  3.2 总体要求 83
  3.3 预备知识 84
  3.4 课程设计样例——简单学生
      成绩统计 105
  3.5 课程设计题目 109

第四部分 自测练习 117
  4.1 自测练习第 1 套 117
  4.2 自测练习第 2 套 124
  4.3 自测练习第 3 套 132
  4.4 自测练习第 4 套 139
  4.5 全国计算机等级考试二级
      C 语言程序设计模拟题 1 146
  4.6 全国计算机等级考试二级
      C 语言程序设计模拟题 2 157

附录 168
  附录 A 实验报告参考样本 168
  附录 B 课程设计报告参考样本 169
  附录 C C 语言常见错误中英文对照 171

参考文献 179

第一部分 上机指导

1.1 第1章上机练习

一、基本要求

(1) 熟悉 Visual C++ 6.0 的启动和操作界面。
(2) 熟悉 Visual C++ 6.0 的常用菜单命令项及运行环境。
(3) 熟悉 C 程序的基本结构，掌握 C 程序的编辑、编译、连接、调试和运行的全过程。

二、上机指导

1. Microsoft Visual C++ 6.0 的启动

Microsoft Visual C++ 6.0 安装完成后，若桌面上已自动建立了 Visual C++ 6.0 的快捷图标，则双击快捷图标即可启动。也可以通过桌面的"开始"按钮，选择"程序"菜单中的 Microsoft Visual Studio 6.0 选项，然后选择 Microsoft Visual C++ 6.0 选项，完成启动。

2. Microsoft Visual C++ 6.0 操作界面

Microsoft Visual C++ 6.0 启动后，打开一个标题为"每日提示"的窗口，显示一些帮助信息。单击"下一条"按钮可以得到更多的帮助信息；单击"关闭"按钮，则关闭该窗口，进入 Microsoft Visual C++ 6.0 集成开发环境的主窗口，如图 1.1 所示。

Microsoft Visual C++ 6.0 集成开发环境的主窗口主要包括标题栏、菜单栏、工具栏、项目工作区、文件编辑区、输出区和状态栏等。

3. 在 Microsoft Visual C++ 6.0 环境下，开发 C 语言应用程序的操作步骤

(1) 启动 Microsoft Visual C++ 6.0，进入主窗口。
(2) 建立 C 语言源程序文件。

选择"文件"菜单中的"新建"命令项，弹出"新建"对话框，选择"工作区"选项卡，输入工作空间名称，名称由用户命名，如图 1.2 所示，建立一个新的用户工作空间。

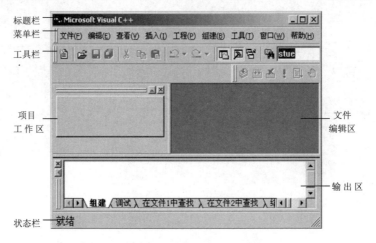

图 1.1　Microsoft Visual C++ 6.0 主窗口

图 1.2　建立一个新的用户工作空间

选择"工程"选项卡，选择其中的 Win32 Console Application 控制平台，输入工程名称，名称由用户命名，如图 1.3 所示。在此工作区，建立一个新的用户工程。

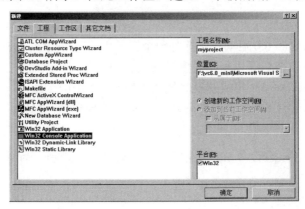

图 1.3　建立一个新的用户工程

选择"文件"选项卡,选中其中的 C++ Source File 文件类型,输入 C 语言源程序文件名称,如图 1.4 所示,最后单击"确定"按钮。

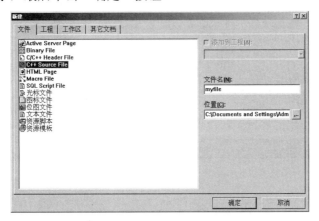

图 1.4　建立 C 语言源程序文件

在文件编辑区,输入并编辑 C 语言源程序。然后,选择"文件"菜单中的"保存"或"另存为"命令项,保存程序,生成扩展名为.cpp 的源程序文件,如图 1.5 所示。

图 1.5　编辑 C 语言源程序

(3) 编译、调试程序。

C 语言源程序建立以后,选择"组建"菜单中的"编译"命令项或按 Ctrl+F7 组合键。如果程序有错误,在主窗口的输出区显示错误和警告信息,如图 1.6 所示。用户根据错误信息重新编辑源程序。(双击错误信息可将光标移动到错误所在行。)

源程序修改正确后,重新进行编译。如果程序正确,在主窗口的输出区显示编译通过信息,生成扩展名为.obj 的目标文件,如图 1.7 所示。

(4) 组建、连接生成可执行文件。

编译通过后,选择"组建"菜单中的"组建"命令项或按 F7 键,生成扩展名为.exe 的可执行文件,如图 1.8 所示。

图 1.6　编译错误提示信息

图 1.7　编译通过提示信息

图 1.8　组建生成可执行文件提示信息

(5) 运行可执行文件。

选择"组建"菜单中的"执行"命令项或按 Ctrl+F5 组合键得到运行结果，如图 1.9 所示。

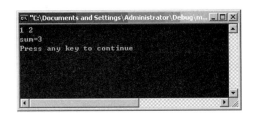

图 1.9　应用程序运行结果

4. 编辑运行 C 语言小程序

根据以上步骤，编辑运行一个简单的 C 语言小程序，输出字符串"This is a C program"。

```
#include "stdio.h"
void main()
{  printf ("This is a C program \n");
}
```

运行结果如图 1.10 所示。

图 1.10　运行结果

提示：

(1) 程序中 main 表示主函数，每个 C 语言程序都必须有一个主函数 main。函数体由花括号{}括起来。

(2) 程序中的 printf 是 C 语言的标准输出函数，其中双引号括起来的字符串原样输出，'\n'是换行符，即在输出"This is a C program"后换行。

(3) 每条语句后必须有一个分号。

(4) 程序开头的#include "stdio.h"用来实现头文件的包含，表示用户可以使用 C 语言系统库函数。

5. 编辑并运行程序

任意输入两个整数，计算平均数。

```
#include "stdio.h"
void main()
{  int a,b;                      /* 定义整型变量a、b */
   float c;                      /* 定义单精度变量c */
   scanf ("%d%d",&a,&b);         /* 输入两个整数 */
   c=(a+b)/2.0;                  /* 计算两个数的平均数 */
   printf("everage=%f \n",c);    /* 输出平均数结果 */
}
```

运行结果如图 1.11 所示。

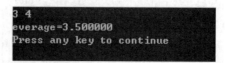

图 1.11　运行结果

提示：

(1) 程序中 a、b、c 是 C 语言中不同数据类型的变量，a、b 是整型，c 是浮点型。

(2) 程序中的 scanf 是 C 语言的标准输入函数。在数据的输入输出中，经常用到格式说明符，如%d、%f 分别控制整型数据和浮点型数据。

1.2　第 2 章上机练习

一、基本要求

(1) 掌握 C 语言的数据类型、变量的定义及赋值方法。
(2) 掌握 C 语言的运算符、表达式及运算规则。
(3) 掌握数据的输入、输出方法。

二、上机指导

1. 编辑并运行程序，分析运行结果

```c
#include "stdio.h"
void main()
{   int x,y,z;
    x=129; y=0127; z=0x128;
    printf("%d,%d,%d\n",x,y,z);
    printf("%o,%o,%o\n",x,y,z);
    printf("%x,%x,%x\n",x,y,z);
}
```

运行结果如图 1.12 所示。

```
129,87,296
201,127,450
81,57,128
Press any key to continue
```

图 1.12　运行结果

提示：

(1) x、y、z 这 3 个变量虽然都定义为整型数据，但它们分别赋值的是十进制、八进制和十六进制数据。

(2) printf("%d,%d,%d\n",x,y,z);语句将 x、y、z 都按十进制整型输出，x 原样输出，y 和 z 由系统自动转换成十进制整型数据输出。

(3) printf("%o,%o,%o\n",x,y,z);语句将 x、y、z 都按八进制整型输出，y 原样输出，x 和 z 由系统自动转换成八进制整型数据输出。

(4) printf("%x,%x,%x\n",x,y,z);语句将 x、y、z 都按十六进制整型输出，z 原样输出，x 和 y 由系统自动转换成十六进制整型数据输出。

2. 编辑并运行程序，分析运行结果

```
#include "stdio.h"
void main()
{ char c1,c2;                   /* 定义字符型变量 c1、c2 */
  c1='a';
  c2='b';
  printf ("%c %c\n",c1,c2);     /* 以字符形式输出 */
  printf("%d %d\n",c1,c2);      /* 以十进制整型数据输出 */
}
```

运行结果如图 1.13 所示。

图 1.13　运行结果

3. 编辑并运行程序，分析运行结果

```
#include "stdio.h"
void main()
{ int c1,c2;                    /* 定义整型变量 c1、c2 */
  c1=97;
  c2=98;
  printf ("%c %c\n",c1,c2);     /* 以字符形式输出 */
  printf("%d %d\n",c1,c2);      /* 以十进制整型数据输出 */
}
```

运行结果如图 1.14 所示。

图 1.14　运行结果

提示：

分析 2、3 例题的运行结果，C 语言中字符型数据和整型数据(0～255)之间可以通用，一个字符型数据可以按字符处理，输出结果是对应的字符，也可以按整型数据处理，输出结果是对应的 ASCII 码值。因此，以上两题的结果是相同的。

4. 编辑并运行程序，分析运行结果

```c
#include "stdio.h"
void main()
{   int k,j,m,n,x,y;
    k=8;
    j=10;
    x=6;
    m=++k;
    n=j++;
    x+=x*=2;
    y=k+j+m+n+x;
    printf ("%d,%d,%d,%d,%d,%d\n",k,j,m,n,x,y);
}
```

运行结果如图 1.15 所示。

```
9,11,9,10,24,63
Press any key to continue
```

图 1.15　运行结果

提示：

(1) m=++k; 语句中，++在变量的左边，表示变量 k 先增加 1(k=k+1)后，再赋值给 m。而 n=j++; 语句中，++在变量的右边，表示变量 j 先赋值给 n，再增加 1(j=j+1)。

(2) 注意复合赋值运算，x+=x*=2;语句先计算 x=x*2，x 值发生变化后，再计算 x=x+x。

5. 编辑并运行程序，分析运行结果

```c
#include "stdio.h"
void main()
{   int n=10, m=3, x;
    float f=5.0, g=10.0;
    double d=5.0;
    x=(n-2 , m*3);              /* 逗号运算 */
    printf("%f \n",n+m-f*g/d);   /* 不同数据类型混合运算 */
    printf("%d",x);
}
```

运行结果如图 1.16 所示。

```
3.000000
9Press any key to continue
```

图 1.16　运行结果

提示：

(1) 逗号运算表达式(n-2, m*3)，先计算表达式 n-2，再计算表达式 m*3，整个表达式的运算结果为 m*3。

(2) 程序中有 3 种数据类型进行混合运算：int 型、float 型和 double 型，因此表达式 n+m-f*g/d 结果为 double 型，还应注意算术运算的优先级。

6. 编辑并运行程序，分析运行结果

```
#include "stdio.h"
void main()
{   int x,y,m,n,a;
    char b;
    float c;
    scanf("%d%d\n",&x,&y);
    scanf("m=%d,n=%d\n",&m,&n);
    scanf("%d%c%f",&a,&b,&c);
    printf("%d,%d,%d,%d,%d,%c,%f\n",x,y,m,n,a,b,c);
}
```

运行结果如图 1.17 所示。

```
10 20
m=1,n=2
100A3.14
10,20,1,2,100,A,3.140000
Press any key to continue
```

图 1.17 运行结果

提示：

此程序重点掌握 scanf 函数的输入格式。

(1) scanf("%d%d\n",&x,&y);语句是输入十进制整型变量 x、y 的值，要用%d 格式说明符，变量前加地址符&。运行输入数据时，数据间用空格键、Tab 键或 Enter 键隔开。

(2) scanf("m=%d,n=%d\n",&m,&n);语句表示输入格式中的普通字符"m=，n="要原样输入。

(3) scanf("%d%c%f",&a,&b,&c);语句表示输入 3 种数据类型：整型、字符型和浮点型，分别用%d、%c 和%f 格式说明符。在不同类型数据输入时，遇到空格键、Enter 键、非法数据或 Tab 键，认为该数据输入结束。

1.3 第 3 章上机练习

一、基本要求

(1) 掌握赋值语句的使用方法。

(2) 掌握格式输入、输出函数的使用方法。

(3) 掌握顺序结构程序设计的基本方法。

二、上机指导

1. 编辑并运行程序

输入一个华氏度，要求输出摄氏度，公式为C=5(F-32)/9。

```
#include "stdio.h"
void main()
{   float c,f;
    printf("请输入一个华氏度:");
    scanf("%f",&f);
    c=(5.0/9.0)*(f-32);
    printf("摄氏度为:%5.2f\n",c);
}
```

运行结果如图1.18所示。

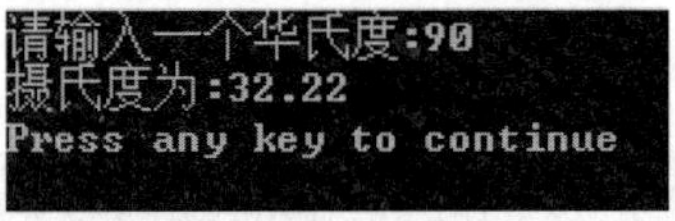

```
请输入一个华氏度:90
摄氏度为:32.22
Press any key to continue
```

图1.18 运行结果

提示：

(1) 此程序是一个简单的顺序结构，算法过程为：输入数据、计算、输出结果。

(2) 表达式(5.0/9.0)*(f-32)中 5 和 9 要用浮点型表示，否则5/9表示整除运算，结果为 0。

2. 编辑并运行程序

输入 x 和 y，交换它们的值，并输出交换前、后的结果。

```
#include "stdio.h"
void main()
{   int x,y,temp;
    scanf("%d,%d",&x,&y);
    printf("x=%d,y=%d\n",x,y);
    temp=x;
    x=y;
    y=temp;
    printf("x=%d,y=%d\n",x,y);
}
```

运行结果如图1.19所示。

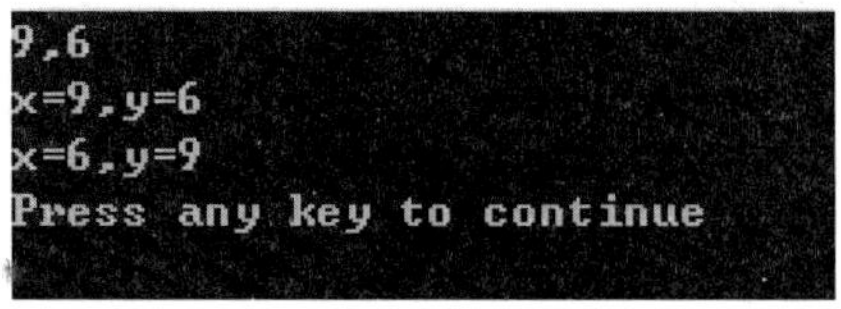

第一部分 上机指导

图 1.19 运行结果

提示：

本程序利用第三个变量 temp 来完成交换工作。先将 x 赋值给 temp，再将 y 赋值给 x，由于 x 的值已经存放于 temp 中，最后将 temp 赋值给 y，完成 x、y 值的交换。注意这 3 条语句顺序不能任意交换。

3. 程序改错

输入三角形的 3 条边(3 条边能够形成三角形)，利用下面公式，计算三角形面积。

$$s = \frac{1}{2}(a+b+c), \quad area = \sqrt{s(s-a)(s-b)(s-c)}$$

```
#include "stdio.h"
#include "math.h"
void main()
{ float a,b,c,s,area;
  /**********FOUND**********/
  scanf("%d%d%d",a,b,c);
  s=1.0/2*(a+b+c);
  /**********FOUND**********/
  area=sqrt(s(s-a)(s-b)(s-c));
  printf("a=%f,b=%f,c=%f,area=%f",a,b,c,area);
}
```

编译时错误提示：

Compiling...

error C2064: term does not evaluate to a function

提示：

(1) 变量 a、b、c 用 scanf 输入时，必须加地址符&，变量类型为 float，其格式说明符用%f，不能用%d。

(2) 表达式 sqrt(s(s-a)(s-b)(s-c))错误，正确表达式为 sqrt(s*(s-a)*(s-b)*(s-c))。

正确程序如下：

```
#include "stdio.h"
#include "math.h"
void main()
{ float a,b,c,s,area;/**********FOUND**********/
  scanf("%f%f%f",&a,&b,&c);
```

```
        s=1.0/2*(a+b+c);/**********FOUND**********/
        area=sqrt(s*(s-a)*(s-b)*(s-c));
        printf("a=%f,b=%f,c=%f,area=%f",a,b,c,area);
    }
```

运行结果如图 1.20 所示。

```
6 7 8
a=6.000000,b=7.000000,c=8.000000,area=20.333163Press any key to continue
```

图 1.20　运行结果

1.4　第 4 章上机练习

一、基本要求

(1) 掌握关系运算和逻辑运算。
(2) 掌握程序的选择结构：if 结构、if-else 结构、if-else-if 结构和 switch 结构。
(3) 掌握分支嵌套结构。

二、上机指导

1．程序改错

以下程序的功能是输入一个整数，计算并输出该数的绝对值。

```
#include <stdio.h>
void main()
{   int x,y;
    /**********FOUND**********/
    printf(请输入一个整数：);
    /**********FOUND**********/
    scanf("%f",&x);
    y=x;
    /**********FOUND**********/
    if(x>0)
       y=-x;
    /**********FOUND**********/
    printf("\n 整数%d 的绝对值为：%d\n",y);
}
```

编译时错误提示：

error C2018: unknown character '0xc7'

error C2660: 'printf' : function does not take 0 parameters

提示：
(1) printf 为输出函数，其格式规定字符串输出时必须用双引号括起来。
(2) scanf 为输入函数，输入变量的格式符必须和变量定义时的类型保持一致。
(3) 求绝对值，if 中的条件应为 x<0。
(4) printf 函数输出变量表列的个数应该与格式说明符的个数一致。

正确程序如下：

```c
#include <stdio.h>
void main()
{   int x,y;
    /**********FOUND**********/
    printf("请输入一个整数：");
    /**********FOUND**********/
    scanf("%d",&x);
    y=x;
    /**********FOUND**********/
    if(x<0)
        y=-x;
    /**********FOUND**********/
    printf("\n整数%d的绝对值为：%d\n",x,y);
}
```

运行结果如图 1.21 所示。

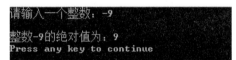

图 1.21　运行结果

2. 编辑并运行程序

完成下面函数计算。

$$y=\begin{cases} x^2+1 & (x>0) \\ 0 & (x=0) \\ x^2-1 & (x<0) \end{cases}$$

```c
#include "stdio.h"
void main()
{   float x,y;
    scanf("%f",&x);
    if(x>0)
        y=x*x+1;
    else
    {   if(x==0)
            y=0;
```

```
        else
          y=x*x-1;
    }
    printf("%f",y);
}
```

运行结果如图 1.22 所示。

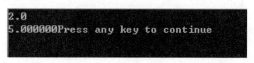

图 1.22　运行结果

提示：

此程序采用 if-else 的嵌套算法。因为 else 总是和前面最近未配对的 if 配对，因此，在第一个 if-else 结构的 else 语句后又嵌套了一个 if-else 结构。因为在 if (x>0) 条件成立的情况下，可以计算出 y 的结果；在条件不成立的情况下，还存在两种情况：x==0 和 x<0，再用一个 if-else 结构来计算 y 值。同样也可以采用在第一个 if-else 结构的 if 语句后嵌套一个 if-else 结构的形式。

3. 程序填空

输入 3 个整数 x、y、z，把这 3 个数由小到大输出。

```
#include <stdio.h>
void main()
{   int x,y,z,t;
    scanf("%d%d%d",&x,&y,&z);
    /***********SPACE***********/
    if(x>y)
    {【?】
    }
    /***********SPACE***********/
    if(x>z)
    {【?】
    }
    /***********SPACE***********/
    if(y>z)
    {【?】
    }
    printf("small to big: %d %d %d\n",x,y,z);
}
```

提示：

(1) x>y 时，应交换 x 和 y，所以应填 t=x;x=y;y=t;。

(2) x>z 时，应交换 x 和 z，所以应填 t=z;z=x;x=t;。

(3) x 与 y、z 比较后最小的数已存入 x，接着比较 y 和 z，若 y>z，应交换 y 和 z，所以应填 t=y;y=z;z=t;。

运行结果如图 1.23 所示。

```
9 8 6
small to big: 6 8 9
Press any key to continue
```

图 1.23　运行结果

1.5　第 5 章上机练习

一、基本要求

(1) 掌握 for 循环、while 循环和 do-while 循环。
(2) 掌握 continue、break 语句的用法。
(3) 掌握循环嵌套用法。

二、上机指导

1. 程序填空

下列程序求 100 之内的自然数中奇数之和。

```c
#include "stdio.h"
void main()
{   int i=1,s;
    /***********SPACE***********/
    【?】;
    while (i<100)
    {   s=s+i;
        /***********SPACE***********/
        【?】;
    }
    printf("s=%d\n ",s );
}
```

提示：

(1) 变量 s 定义后值为不确定的数，必须对其赋初值，所以第一个空应填 s=0。
(2) 本题为求 100 之内的自然数中奇数之和，循环体变量 i 值每次增加 2，故填 i=i+2。

运行结果如图 1.24 所示。

```
s=2500
Press any key to continue
```

图 1.24　运行结果

2. 程序改错

以下程序为输出 Fabonacci 数列的前 20 项，要求变量类型定义成浮点型，输出时只输出整数部分。

```c
#include <stdio.h>
void main()
{   int i;
    float f=1,f1=1,f2;
    /**********FOUND**********/
    printf("%8d",f);
    /**********FOUND**********/
    for(i=1;i<=20;i++)
    {   f2=f+f1;
        /**********FOUND**********/
        f1=f;
        /**********FOUND**********/
        f2=f1;
        printf("%8.0f",f);
        if(i%5==0)
            printf("\n");
    }
    printf("\n");
}
```

编译时提示：

Compiling...

0 error(s), 0 warning(s)

程序没有错误，运行结果如图 1.25 所示。

图 1.25　运行结果

提示：

说明程序无语法错误，但有逻辑上的错误。

(1) 根据提示，printf("%8d",f);语句有错误，变量 f 为 float 类型，故其格式应为 f 格式。

(2) 题目要求打印 20 项，f、f1 分别是第一和第二项，循环外已经打印了一项，循环每次打印的数为 f，次数应该为 19 次。

(3) Fabonacci 数列每项为前两项的和，f2=f+f1;执行完后，应将 f1 赋给 f，f2 赋给 f1 进行下次循环。

正确程序如下：

```c
#include <stdio.h>
void main()
{  int i;
   float f=1,f1=1,f2;
   /**********FOUND**********/
   printf("%8.0f",f);
   /**********FOUND**********/
   for(i=2;i<=20;i++)
   {  f2=f+f1;
      /**********FOUND**********/
      f=f1;
      /**********FOUND**********/
      f1=f2;
      printf("%8.0f",f);
      if(i%5==0)
         printf("\n");
   }
   printf("\n");
}
```

运行结果如图 1.26 所示。

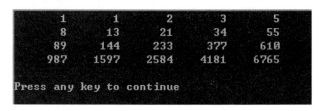

图 1.26　运行结果

1.6　第 6 章上机练习

一、基本要求

(1) 掌握一维数组和二维数组的定义、赋值和输入、输出方法。
(2) 掌握字符数组和字符串函数。
(3) 掌握数组的有关算法。

二、上机指导

1. 程序改错

以下程序为一个已排好序的一维数组，输入一个数 number，要求按原来排序的规律将它插入数组中。

```
#include <stdio.h>
void main()
{   int a[11]={1,4,6,9,13,16,19,28,40,100};
    int temp1,temp2,number,end,i,j;
    /***********FOUND***********/
    for(i=0;i<=10;i++)
        printf("%5d",a[i]);
    printf("\n");
    scanf("%d",&number);
    /***********FOUND***********/
    end=a[10];
    if(number>end)
        /***********FOUND***********/
        a[11]=number;
    else
    {   for(i=0;i<10;i++)
        {   /***********FOUND***********/
            if(a[i]<number)
            {   temp1=a[i];
                a[i]=number;
                for(j=i+1;j<11;j++)
                {   temp2=a[j];
                    a[j]=temp1;
                    temp1=temp2;
                }
                break;
            }
        }
    }
    for(i=0;i<11;i++)
        printf("%6d",a[i]);
}
```

编译时提示：

Compiling...

0 error(s), 0 warning(s)

程序没有错误，运行结果如图1.27所示。

图1.27 运行结果

提示：

输入插入数7，并没有得到正确结果而且还出现了异常情况，说明程序有逻辑错误。

(1) 根据提示，数组输出前 10 个数 for(i=0;i<=10;i++)循环 10 次，故 i<10 或 i<=9。

(2) 根据程序的思想，end 为第 10 个数，而数组下标从 0 开始，故 end=a[10]应改为 end=a[9]。同理，a[11]=number;应改为 a[10]=number;。

(3) 根据程序的思想，a[i]大于 number 时，先将 a[i]赋给 temp1，number 赋给 a[i]，然后后移一位。

正确程序如下：

```
#include <stdio.h>
void main()
{  int a[11]={1,4,6,9,13,16,19,28,40,100};
   int temp1,temp2,number,end,i,j;
   /***********FOUND***********/
   for(i=0;i<10;i++)
      printf("%5d",a[i]);
   printf("\n");
   scanf("%d",&number);
   /***********FOUND***********/
   end=a[9];
   if(number>end)
      /***********FOUND***********/
      a[10]=number;
   else
   {  for(i=0;i<10;i++)
      {  /***********FOUND***********/
         if(a[i]>number)
         {  temp1=a[i];
            a[i]=number;
            for(j=i+1;j<11;j++)
            {  temp2=a[j];
               a[j]=temp1;
               temp1=temp2;
            }
            break;
         }
      }
   }
   for(i=0;i<11;i++)
      printf("%6d",a[i]);
}
```

运行结果如图 1.28 所示。

```
    1    4    6    9   13   16   19   28   40  100
7
     1     4     6     7     9    13    16    19    28    40   100Press any key
to continue
```

图 1.28 运行结果

2. 程序填空

将一个字符串中的前 n 个字符复制到一个字符数组中，不允许使用 strcpy 函数。

```
#include <stdio.h>
void main()
{   char str1[80],str2[80];
    int i,n;
    /***********SPACE***********/
    gets(【?】);
    scanf("%d",&n);
    /***********SPACE***********/
    for (i=0; 【?】;i++)
       /***********SPACE***********/
       【?】;
    /***********SPACE***********/
    【?】;
    printf("%s\n",str2);
}
```

提示：

(1) gets 函数的功能是从键盘得到一个字符串赋给括号里的参数，参数为字符串的起始地址，即字符数组名字，故填 str1。

(2) 因复制前 n 个字符，循环结束的条件为 i<n。

(3) 字符复制，即两个数组的对应位置的值执行赋值语句 str2[i]=str1[i]。

(4) 循环结束后应将字符串结束符添加到字符串的末尾，即 str2[n]='\0'。

完整程序如下：

```
#include <stdio.h>
void main()
{   char str1[80],str2[80];
    int i,n;
    /***********SPACE***********/
    gets(str1);
    scanf("%d",&n);
    /***********SPACE***********/
    for (i=0; i<n;i++)
       /***********SPACE***********/
       str2[i]=str1[i];
    /***********SPACE***********/
    str2[n]='\0';
    printf("%s\n",str2);
}
```

运行程序，输入字符串，再输入要复制字符的数目，结果如图 1.29 所示。

第一部分 上机指导

```
c language!
4
c la
Press any key to continue
```

图 1.29 运行结果

3. 程序设计

实现矩阵(3 行 3 列)的转置(即行列互换)。例如，输入下面的矩阵：
  100 200 300
  400 500 600
  700 800 900
程序输出：
  100 400 700
  200 500 800
  300 600 900

```c
#include <stdio.h>
void main()
{   int i,j,t;
    int array[3][3]={{100,200,300},{400,500,600},{700,800,900}};
    for (i=0; i < 3; i++)
    {   for (j=0; j < 3; j++)
            printf("%7d",array[i][j]);
        printf("\n");
    }
    for(i=0; i < 3; i++)
        for(j=0; j < i; j++)
        {   t=array[i][j];
            array[i][j]=array[j][i];
            array[j][i]=t;
        }
    printf("Converted array:\n");
    for (i=0; i < 3; i++)
    {   for (j=0; j < 3; j++)
            printf("%7d",array[i][j]);
        printf("\n");
    }
}
```

提示：

此程序实现矩阵(3 行 3 列)的转置(即行列互换)，主要是利用双重循环交换 array[i][j]与 array[j][i]的值，矩阵所有的元素都交换完后即实现了矩阵转置。两个数交换需借助一个中间变量进行三次赋值。

运行结果如图 1.30 所示。

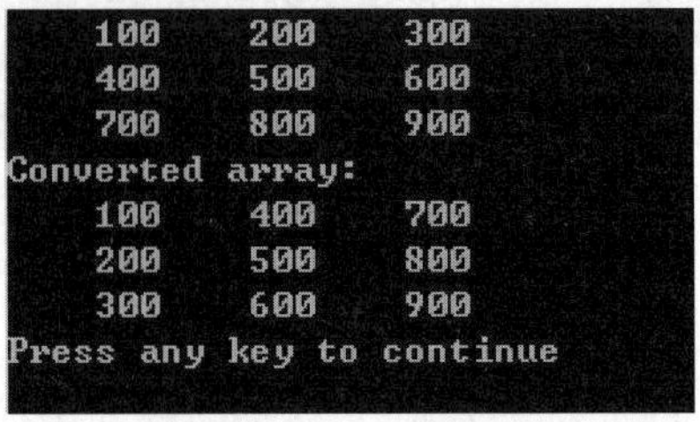

图 1.30 运行结果

1.7 第 7 章上机练习

一、基本要求

(1) 掌握函数定义、调用、说明方法。
(2) 理解函数调用时参数及返回值的传递规则。
(3) 理解自动变量、静态变量、局部变量和全局变量的用法。

二、上机指导

1. 程序填空

将十进制数转换成十六进制数。

```
#include <stdio.h>
#include "string.h"
c10_16(char p[],int b)
{  int j,i=0;
   while (b>0)
   {  /***********SPACE***********/
      j=b%【?】;
      if(j>=0&&j<=9)
          p[i]= j + '0';
      /***********SPACE***********/
      else
          p[i]=j+【?】;
      b=b/16;
      i++;
   }
   /***********SPACE***********/
   p[【?】]='\0';
}
void main()
{  int a,i;
```

```
         char s[20];
         printf("input a integer:\n");
         scanf("%d",&a);
         c10_16(s,a);
         for(i=strlen(s)-1;i>=0;i--)
           /**********SPACE**********/
           printf("【?】",s[i]);
         printf("\n");
    }
```

提示：

(1) 自定义函数 c10_16(char p[],int b)的功能是将十进制数 b 转换成十六进制数，并将转换的结果存在字符数组 p 中。

(2) 转换成十六进制的方法是模 16，第一个空填 16。

(3) 当 j>9 时十六进制数 10～15 对应的字符分别为 A、B、C、D、E、F。要将 10 转换为字符 A，而 A 的 ASCII 码值为 65，所以将 j 加 55 即可。

(4) 转换结束将结束字符'\0'赋给 p[i]。

(5) 主程序中输出转换后的十六进制为字符串，一个一个字符输出，输出格式为%c。

运行程序，输入一个十进制数，将转换成对应的十六进制数，结果如图 1.31 所示。

图 1.31　运行结果

2．程序改错

生成一个周边元素为 5，其他元素为 1 的 3×3 的二维数组。

```
#include <stdio.h>
fun(int arr[][3])
{   /**********FOUND**********/
    int i,j
    /**********FOUND**********/
    for(i=1;i<3;i++)
        for(j=0;j<3;j++)
            if(i==0||j==0||i==2||j==2)
                arr[i][j]=5;
            /**********FOUND**********/
            else if(i+j==1&&i+j==3)
                arr[i][j]=5;
            else
                arr[i][j]=1;
}
```

```
void main()
{ int a[3][3],i,j;
   fun(a);
   for(i=0;i<3;i++)
   { for(j=0;j<3;j++)
        printf("%d ",a[i][j]);
     printf("\n");
   }
}
```

编译结果如下：

Compiling...

error C2143: syntax error : missing ';' before 'for'

warning C4508: 'fun' : function should return a value; 'void' return type assumed

warning C4508: 'main' : function should return a value; 'void' return type assumed

提示：

(1) 从编译结果看出语法错误为少了语句结束符分号。

(2) 二维数组行下标应从零开始。

(3) 周边元素的条件应该是"或"的关系而不是"并"的关系。

正确程序如下：

```
#include <stdio.h>
fun(int arr[][3])
{ /*********FOUND*********/
   int i,j;
   /*********FOUND*********/
   for(i=0;i<3;i++)
      for(j=0;j<3;j++)
         if(i==0||j==0||i==2||j==2)
            arr[i][j]=5;
         /*********FOUND*********/
         else if(i+j==1||i+j==3)
            arr[i][j]=5;
         else
            arr[i][j]=1;
}
void main()
{ int a[3][3],i,j;
   fun(a);
   for(i=0;i<3;i++)
   { for(j=0;j<3;j++)
        printf("%d ",a[i][j]);
     printf("\n");
   }
}
```

运行结果如图 1.32 所示。

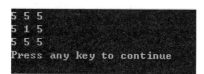

图 1.32　运行结果

3. 程序设计

计算从 1 开始到 n 的自然数中偶数的平方的和，n 由键盘输入，并在 main()函数中输出(n 是偶数)。

```
#include <stdio.h>
int fun(int n)
{   int sum,i;
    sum =0;
    for(i=2;i<=n;i=i+2)
    {   sum=sum+i*i;
    }
    return(sum);
}
void main()
{   int m;
    printf("Enter m: ");
    scanf("%d", &m);
    printf("\nThe result is %d\n", fun(m));
}
```

提示：

(1) 本程序包括两个函数：主函数 main()和 fun()函数。主函数 main 完成数据的输入、调用子函数和输出子函数的返回值。子函数 fun 的作用是计算从 1 开始到 n 的自然数中偶数的平方的和，将其赋值给 sum，并通过 return 将 sum 值返回。

(2) 函数调用语句 printf("\nThe result is %d\n", fun(m));中的 m 为实际参数，而函数说明和定义语句 int fun(int n)中的 n 为形式参数。函数调用时，实际参数将数据传递给形式参数。实际参数和形式参数要求数据类型、个数、顺序一致。

运行程序，输入 m 的值为 6，结果如图 1.33 所示。

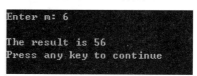

图 1.33　运行结果

1.8 第8章上机练习

一、基本要求

(1) 掌握指针的概念和定义。
(2) 掌握变量指针和数组指针的使用方法。
(3) 掌握指针作为函数参数的使用方法。
(4) 掌握字符串指针的使用方法。

二、上机指导

1. 程序填空

把字符串中所有的字母改写成该字母的下一个字母，最后一个字母 z 改写成字母 a。大写字母仍为大写字母，小写字母仍为小写字母，其他的字符不变。例如，原有的字符串为 "Mn.123xyZ"，调用该函数后，字符串中的内容为 "No.123yzA"。

```
#include <string.h>
#include <stdio.h>
#include <ctype.h>
#define   N    81
void main()
{   char   a[N],*s;
    printf ( "Enter a string : " );
    gets ( a );
    printf ( "The original string is : " );
    puts( a );
    /***********SPACE***********/
    【?】;
    while(*s)
    {   if(*s=='z')
            *s='a';
        else if(*s=='Z')
            *s='A';
        else if(isalpha(*s))
            /***********SPACE***********/
            【?】;
        /***********SPACE***********/
        【?】;
    }
    printf ( "The string after modified : ");
    puts ( a );
}
```

提示：

(1) 第一个空应是指针变量 s 指向字符串 a，应填 s=a。

(2) 函数 isalpha(*s)判断*s 是否是字符，如果成立，则改写成该字母的下一个字母，即将*s+1 赋给*s。

(3) 将指针下移，即 s++。

运行程序，输入字符串"Mn.123xyZ"，运行结果如图 1.34 所示。

```
Enter a string : Mn.123xyZ
The original string is : Mn.123xyZ
The string after modified : No.123yzA
Press any key to continue
```

图 1.34　运行结果

2. 程序改错

程序功能为输入两个双精度数，函数返回它们的平方和的平方根值。例如，输入：22.936 和 14.121，输出：y = 26.934415。

```
#include <stdio.h>
#include <conio.h>
#include <math.h>
/**********FOUND**********/
double fun (double *a, *b)
{  double c;
   /**********FOUND**********/
   c = sqr(a*a + b*b);
   /**********FOUND**********/
   return *c;
}
void main()
{  double a, b, y;
   printf ( "Enter a, b : ");
   scanf ("%lf%lf", &a, &b );
   y = fun (&a, &b);
   printf ("y = %f \n", y );
}
```

提示：

(1) 根据提示行，函数头 double fun (double *a, *b)有多个形参时，必须每个形参都分别给出参数类型，题目中要求输入两个双精度数，故指针变量 b 的类型为 double 类型。

(2) fun 函数的功能是返回*a、*b 的平方和的平方根值。a、b 为指针变量，它们的平方和的平方根值应表达为 sqrt(*a * *a + *b * *b)，其中 sqrt 是求平方根函数。

(3) return 语句中应该返回变量 c 的值，c 是简单变量，不是指针变量。

运行输入：22.936 和 14.121，执行结果如图 1.35 所示。

```
Enter a, b : 22.936 14.121
y = 26.934415
Press any key to continue
```

图 1.35　运行结果

3. 程序设计

完成下列函数，实现两个整数的交换。

```
#include<stdio.h>
#include<conio.h>
void fun(int *a,int *b)
{  /**********Program**********/




   /********** End **********/
}
void main()
{  int a,b;
   printf("Enter a,b:");
   scanf("%d%d",&a,&b);
   fun(&a,&b);
   printf("a=%d b=%d\n",a,b);
}
```

提示：此程序函数 fun() 的功能是利用指针交换指针变量 a、b 所指的值，在主函数中输入 a、b，将 a、b 的地址通过调用函数 fun(&a,&b) 语句传递给指针变量 a、b，交换指针变量所指的变量的值，即交换了主函数中变量 a、b 的值。

函数程序如下：

```
void fun(int *a,int *b)
{  /**********Program**********/
   int t;
   t=*a;
   *a=*b;
   *b=t;
   /********** End **********/
}
```

运行输入 a、b，运行结果如图 1.36 所示。

```
Enter a,b:65 60
a=60 b=65
Press any key to continue
```

图 1.36　运行结果

1.9 第9章上机练习

一、基本要求

(1) 掌握结构体类型变量的定义和使用。
(2) 掌握结构体类型数组的定义和使用。
(3) 掌握链表的概念和基本应用。

二、上机指导

1. 程序改错

计算两个学生的总分,并输出学生信息。

```
#include "stdio.h"
void main()
{  float s1,s2;
   /**********FOUND**********/
   struct student                    /* 定义名为 student 的结构体 */
   {  char xm[20];                   /* 姓名成员 */
      int age;                       /* 年龄成员 */
      char xb[2];                    /* 性别成员 */
      float cj1,cj2;                 /* 成绩1、成绩2 成员 */
   }
   /**********FOUND**********/
   struct student x={Zhangsan,18,"M",60.0,70.0};
   /**********FOUND**********/
   struct student y={Wangmin,20,"W",80.0,90.0};
   s1=x.cj1+x.cj2;                   /* 第一个学生总分 */
   s2=y.cj1+y.cj2;                   /* 第二个学生总分 */
   printf("student data:\n");
   /**********FOUND**********/
   printf("%s,%d,%s,%f,%f,%f\n",x.xm[20],age,x.xb,x.cj1,x.cj2,s1);
   /**********FOUND**********/
   printf("%s,%d,%s,%f,%f,%f\n",y.xm[20],age,y.xb,y.cj1,y.cj2,s2);
}
```

编译时错误提示:

Compiling...

error C2236: unexpected 'struct' 'student'

error C2065: 'Zhangsan' : undeclared identifier

warning C4244: 'initializing' : conversion from 'const double' to 'int', possible loss of data warning C4244: 'initializing' : conversion from 'const double' to 'char', possible loss of data

error C2065: 'Wangmin' : undeclared identifier

warning C4244: 'initializing' : conversion from 'const double' to 'int', possible loss of data

warning C4244: 'initializing' : conversion from 'const double' to 'char', possible loss of data

error C2065: 'age' : undeclared identifier

Error executing cl.exe.

4 error(s), 4 warning(s)

提示：

(1) 在程序中，结构体定义语句后应加分号。

(2) 结构体中成员 char xm[20]是字符串数组，其赋值要用双引号括起来。

(3) 用%s 输出成员为字符型数组时，只引用数组名，x.xm[20]改为 x.xm，y.xm[20]改为 y.xm。

(4) 输出结构体变量的年龄成员格式应为 x.age 和 y.age。

正确程序如下：

```c
#include "stdio.h"
void main()
{  float s1,s2;
/**********FOUND**********/
   struct student
     {  char xm[20];
        int age;
        char xb[2];
        float cj1,cj2;
     };
/**********FOUND**********/
   struct student x={"Zhangsan",18,"M",60.0,70.0};
/**********FOUND**********/
   struct student y={"Wangmin",20,"W",80.0,90.0};
   s1=x.cj1+x.cj2;
   s2=y.cj1+y.cj2;
   printf("student data:\n");
/**********FOUND**********/
   printf("%s,%d,%s,%f,%f,%f\n",x.xm,x.age,x.xb,x.cj1,x.cj2,s1);
/**********FOUND**********/
   printf("%s,%d,%s,%f,%f,%f\n",y.xm,y.age,y.xb,y.cj1,y.cj2,s2);
}
```

运行结果如图 1.37 所示。

```
student data:
Zhangsan,18,M,60.000000,70.000000,130.000000
Wangmin,20,W,80.000000,90.000000,170.000000
Press any key to continue
```

图 1.37　运行结果

2．设计程序

利用结构体数组，计算 10 个学生两门课程的平均分、总分和最高分。

```c
#include "stdio.h"
#include <string.h>
void main()
{   int i,max1,max2,s1=0,s2=0;
    double p1,p2;
    struct student                          /* 定义结构体类型 */
    {   int xh;
        char xm[20];
        int cj1,cj2;
        int zf;
    }x[10];                                 /*定义结构体数组 x*/
    printf("输入学号:\n");
    for(i=0;i<10;i++)                       /* 输入 10 个学生学号 */
        scanf("%d",&x[i].xh);
    printf("输入姓名:\n");
    for(i=0;i<10;i++)                       /* 输入 10 个学生姓名 */
        scanf("%s",x[i].xm);
    printf("输入第一门课成绩:\n");
    for(i=0;i<10;i++)                       /* 输入 10 个学生第一门课程成绩 */
        scanf("%d",&x[i].cj1);
    printf("输入第二门课成绩:\n");
    for(i=0;i<10;i++)                       /* 输入 10 个学生第二门课程成绩 */
        scanf("%d",&x[i].cj2);
    for(i=0;i<10;i++)                       /* 计算每个学生总分 */
        x[i].zf=x[i].cj1+x[i].cj2;
    for(i=0;i<10;i++)                       /* 计算每门课程总分 */
    {   s1=s1+x[i].cj1;
        s2=s2+x[i].cj2;
    }
    p1=s1/10.0;                             /* 计算每门课程平均分 p1、p2 */
    p2=s2/10.0;
    max1=x[0].cj1;
    max2=x[0].cj2;
    for(i=1;i<10;i++)                       /* 计算每门课程最高分 max1、max2 */
```

```
{   if(x[i].cj1>max1) max1=x[i].cj1;
    if(x[i].cj2>max2) max2=x[i].cj2;
}
printf("学生信息:\n");
printf("学号--姓名--第一门课成绩--第二门课成绩--总分\n");
for(i=0;i<10;i++)            /*输出学生的学号、姓名、第一门课成绩、第二门课成绩、总分*/
{   printf("%d ",x[i].xh);
    printf("%s ",x[i].xm);
    printf("%d ",x[i].cj1);
    printf("%d ",x[i].cj2);
    printf("%d\n",x[i].zf);
}
printf("第一门课总分=%d, 第二门课总分=%d\n",s1,s2);
printf("第一门课平均分=%6.2f, 第二门课平均分=%6.2f\n",p1,p2);
printf("第一门课最高分=%d,第二门课最高分=%d\n",max1,max2);
}
```

运行结果如图 1.38 所示。

```
输入学号:
1001 1002 1003 1004 1005 1006 1007 1008 1009 1010
输入姓名:
zhangsan
lisi
wangmin
lihong
chenjixiang
liujian
yangli
zhangqiang
zhaomin
xuqiang
输入第一门课成绩:
10 20 30 40 50 60 70 80 90 100
输入第二门课成绩:
0 10 20 30 40 50 60 70 80 90
学生信息:
学号--姓名--第一门课成绩--第二门课成绩--总分
1001 zhangsan 10 0 10
1002 lisi 20 10 30
1003 wangmin 30 20 50
1004 lihong 40 30 70
1005 chenjixiang 50 40 90
1006 liujian 60 50 110
1007 yangli 70 60 130
1008 zhangqiang 80 70 150
1009 zhaomin 90 80 170
1010 xuqiang 100 90 190
第一门课总分=550, 第二门课总分=450
第一门课平均分= 55.00, 第二门课平均分= 45.00
第一门课最高分=100,第二门课最高分=90
Press any key to continue
```

图 1.38　运行结果

提示：

(1) 定义一个学生信息结构体 student，成员 xh、xm[20]、cj1、cj2、zf 分别代表学号、姓名、第一门课成绩、第二门课成绩和总分。定义结构体类型数组 x[10]代表 10 个学生。

(2) 利用循环，分别输入 10 个学生的学号、姓名、第一门课成绩、第二门课成绩，然后计算每个学生的总分，并存入结构体数组中。

(3) 利用循环，分别计算每门课程的总分、平均分和最高分，并存入变量。

(4) 输出结构体数组中学生信息、每门课程的总分、平均分和最高分。

1.10 第 10 章上机练习

一、基本要求

(1) 掌握文件及文件指针概念。
(2) 掌握顺序文件的打开、关闭和读写操作。
(3) 掌握随机文件的打开、关闭和读写操作。

二、上机指导

1. 程序填空

功能：文件操作。

```
#include <stdio.h>
#include <stdlib.h>
void main()
{   /* 定义一个文件指针 fp */
    /***********SPACE***********/
    【?】 *fp;
    char filename[10];
    printf("Please input the name of file: ");
    scanf("%s", filename);          /* 输入字符串并赋给变量 filename */
    /* 以读的使用方式打开文件 filename */
    /***********SPACE***********/
    if((fp=fopen(filename, "【?】")) == NULL)
    {   printf("Cannot open the file.\n");
        exit(0);                    /* 正常退出程序 */
    }
    /* 关闭文件 */
    /***********SPACE***********/
    【?】;
}
```

提示：

(1) 定义一个文件指针 fp，所以第一个空应为 FILE(文件类型)。

(2) 根据注释行 /* 以读的使用方式打开文件 filename */，读方式打开文件为 r。
(3) 关闭文件的语句为 fclose(fp)。

若输入文件不存在，运行结果如图 1.39 所示。

```
Please input the name of file: d
Cannot open the file.
Press any key to continue
```

图 1.39 运行结果

2. 程序改错

用 fputs、fgets 函数将字符串 "ChinaBeijing" 写入 a1.txt 文件中，然后再从文件中将 "China" 读出显示。

```c
#include "stdio.h"
void main()
{   char x[80];
    /*********FOUND*********/
    file fp1,fp2;
    /*********FOUND*********/
    fp1=fopen("a1.txt","r");           /* 以写方式打开 a1.txt 文件 */
    fputs("ChinaBeijing",fp1);         /* 将字符串写入 a1.txt 文件 */
    fclose(fp1);
    /*********FOUND*********/
    fp2=fopen("a1.txt","w");           /* 以读方式打开 a1.txt 文件 */
    fgets(x,6,fp2);                    /* 将"China"读出存入数组 x */
    printf("%s",x);
    fclose(fp2);
}
```

编译时错误提示：

Compiling...

error C2065: 'file' : undeclared identifier

error C2146: syntax error : missing ';' before identifier 'fp1'

error C2065: 'fp1' : undeclared identifier

error C2065: 'fp2' : undeclared identifier

error C2440: '=' : cannot convert from 'struct _iobuf *' to 'int'

    This conversion requires a reinterpret_cast, a C-style cast or function-style cast

error C2440: '=' : cannot convert from 'struct _iobuf *' to 'int'

    This conversion requires a reinterpret_cast, a C-style cast or function-style cast

Error executing cl.exe.

6 error(s), 0 warning(s)

提示：

(1) 文件指针类型符必须用大写 FILE，定义文件型指针变量应为 *fp1 和*fp2。

(2) fp1=fopen("a1.txt","r");语句错误，以写方式打开 a1.txt 文件，用 "w" 操作方式，不能用 "r" 方式。

(3) fp2=fopen("a1.txt","w");语句错误，以读方式打开 a1.txt 文件，用 "r" 操作方式，不能用 "w" 方式。

正确程序如下：

```c
#include "stdio.h"
void main()
{ char x[80];
/**********FOUND**********/
   FILE *fp1,*fp2;
/**********FOUND**********/
   fp1=fopen("a1.txt","w");           /* 以写方式打开a1.txt文件 */
   fputs("ChinaBeijing" , fp1);       /* 将字符串写入a1.txt文件 */
   fclose(fp1);
/**********FOUND**********/
   fp2=fopen("a1.txt","r");           /* 以读方式打开a1.txt文件 */
   fgets(x,6,fp2);                    /*将"China"读出存入数组x */
   printf("%s",x);
   fclose(fp2);
}
```

运行结果如图 1.40 所示。

```
ChinaPress any key to continue
```

图 1.40　运行结果

3. 设计程序

输入 4 个学生的姓名、学号、年龄和地址，存入文件 stu-list 中，然后在打开文件后，读出学生信息并显示出来。

```c
#include "stdio.h"
#define SIZE 4
struct student                        /* 定义结构体 student */
{ char name[10];
  int num;
  int age;
  char addr[15];
}stud[SIZE],st[SIZE];                 /* 定义结构体数组 stud 和 st */
void save();                          /* 保存函数声明 */
void open();                          /* 打开函数声明 */
void main()                           /* 主函数 */
```

```
{ int i;
  for(i=0;i<SIZE;i++)
     scanf("%s%d%d%s",stud[i].name,&stud[i].num,&stud[i].age,stud[i].addr);
  save();
  open();
}
void save()                              /* 保存学生数据到文件中 */
{ int i;
  FILE *fp1;
  if((fp1=fopen("stu-list","wb"))==NULL)
     printf("cannot open file\n");
  for(i=0;i<SIZE;i++)
     fwrite(&stud[i], sizeof(struct student),1,fp1);
  fclose(fp1);
}
void open()                              /* 打开文件,读出学生数据显示 */
{ FILE *fp2;
  int i;
  fp2=fopen("stu-list","rb");
  for(i=0;i<SIZE;i++)
  { fread(&st[i],sizeof(struct student),1,fp2);
     printf("%s,%d,%d,%s\n",st[i].name,st[i].num,st[i]. age,st[i].addr);
  }
  fclose (fp2);
}
```

提示：

此程序将结构体数组中的数据通过 fwrite、fread 函数写入和读出随机文件。

(1) 主函数的功能：定义结构体数组 stud 和 st，输入学生信息给数组 stud，分别调用保存函数 save 和打开函数 open。

(2) 保存函数 save 的功能：打开文件，利用循环将数组 stud 中的数据写入文件，fwrite(&stud[i], sizeof(struct student),1,fp1);语句中，sizeof(struct student)代表结构体的长度。

(3) 打开函数 open 的功能：打开文件，利用循环执行 fread(&st[i],sizeof(struct student),1,fp2);语句，将文件中的数据读出，存入数组 st 中。然后输出结构体数组 st 各元素的值。

运行结果如图 1.41 所示。

图 1.41　运行结果

2.1 C 程序设计初步

一、实验目的

(1) 熟悉 C 语言程序的运行环境(VC++ 6.0)。
(2) 掌握 C 语言程序的上机步骤，了解运行 C 程序的方法。
(3) 掌握 C 语言程序的书写格式和 C 语言程序的结构。

二、实验内容(均要求给出运行结果)

1. 程序改错题

(1) 以下程序实现计算 x×y 的值并将结果输出。请改正程序中的错误。

```
#include "stdio.h"
void main()
/**********FOUND**********/
{  int x=y=4;
   z=x*y;
   /**********FOUND**********/
   printf("z=%d/n", Z);
}
```

(2) 以下程序实现输入圆的半径，求圆的周长。请改正程序中的错误。

```
#include "stdio.h"
void main()
{  int r;
   float 1;
   printf("Enter r:");
   scanf("%d", &r);
```

```
/**********FOUND**********/
l=2πr
/**********FOUND**********/
printf("l=%d\n",l);
}
```

2. 程序填空题

(1) 下面程序能对两个整型变量的值进行交换，请填空。

```
#include "stdio.h"
void main()
{   int a=3,b=4,t;
    t=a;
    /***********SPACE***********/
    【?】;
    /***********SPACE***********/
    【?】;
    printf("a=%d,b=%d\n",a,b);
}
```

(2) 下面程序不用第三个变量，实现两个数的对调操作。

```
#include <stdio.h>
void main()
{   int a,b;
    scanf("%d %d",&a,&b);
    printf("a=%d,b=%d\n",a,b);
    /***********SPACE***********/
    a= 【?】 ;
    /***********SPACE***********/
    b= 【?】 ;
    /***********SPACE***********/
    a= 【?】 ;
    printf("a=%d,b=%d\n",a,b);
}
```

3. 程序设计题

功能：编程实现从键盘输入任意一个大写字母，转换成小写字母后输出。

2.2 顺序结构程序设计

一、实验目的

(1) 掌握赋值语句的功能和使用方法。
(2) 掌握 C 语言的数据类型，熟悉不同类型变量的定义及赋值的方法。
(3) 学会使用 C 语言的有关算术运算符，以及包含这些运算符的表达式。

(4) 掌握简单数据类型的输入输出方法，能正确使用格式控制符。

(5) 学习编制简单的 C 程序。

二、实验内容(均要求给出运行结果)

1. 程序改错题

(1) 以下程序输入一个十进制整数，输出与之对应的八进制数与十六进制数。例如，输入 31，输出 37(八进制)和 1F(十六进制)。请改正程序中的错误。

```
#include <stdio.h>
void main()
{ /**********FOUND**********/
  n;
  printf("输入一个十进制整数:");
  /**********FOUND**********/
  scanf("%d",n);
  /**********FOUND**********/
  printf("对应的八进制整数是%O\n",n);
  printf("对应的十六进制整数是%X\n",n);
}
```

(2) 下列程序的功能是计算表达式 $x=1/2+\sqrt{a+b}$ 的值，请改正程序中的错误。

```
#include "stdio.h"
/**********FOUND**********/

void main()
{ int a, b;
  float x;
  scanf("%d,%d",&a,&b);
  /**********FOUND**********/
  x=1/2+sqrt(a+b);
  /**********FOUND**********/
  printf("x=%d\n",x);
}
```

2. 程序填空题

(1) 请填写以下程序，要求输出结果如下:
　　A，B
　　65，66

```
#include<stdio.h>
void main()
{ /**********SPACE**********/
  char a,【?】;
  /**********SPACE**********/
```

```
   a=【?】;
   b='b';
   a=a-32;
   /**********SPACE**********/
   b=b-【?】;
   printf("%c,%c\n%d,%d\n",a,b,a,b);
}
```

(2) 下列程序的功能是要求输出如下结果,请填入合适的变量完善程序。

　　　　b=-1　a=65535
　　　　a=65534
　　　　a=30 b=6 c=5

```
#include <stdio.h>
void main()
{   /**********SPACE**********/
    int b=-1,【?】;
    unsigned short int a;
    /**********SPACE**********/
    a=【?】;
    printf("b=%d a=%u\n",b,a);
    /**********SPACE**********/
    【?】+=b;
    printf("a=%u\n",a);
    /**********SPACE**********/
    b=(a=30)/【?】;
    printf("a=%d b=%d c=%d\n",a,b,c);
}
```

3. 程序设计题

功能:输入摄氏温度 c,求华氏温度 f。转换公式为 f=9c/5+32,输出结果取两位小数。(说明:因为关于函数调用的知识在第 7 章讲解,所以在现阶段本程序的设计可以改用一个主函数来完成。)

```
#include <stdio.h>
double fun(double m)
{   /**********Program**********/



    /********** End **********/
}
void main()
{   double c,f;
    printf("请输入一个摄氏温度:");
```

```
scanf("%lf",&c);
f=fun(c);
printf("华氏温度为:%5.2f\n",f);
}
```

2.3　选择结构程序设计

一、实验目的

(1) 掌握关系运算符、逻辑运算符、条件运算符的使用方法。
(2) 掌握 if 语句和 switch 语句的使用方法。
(3) 学会调试程序,并掌握一些简单的算法。
(4) 掌握选择结构程序的设计技巧。

二、实验内容(均要求给出运行结果)

1. 程序改错题

(1) 以下程序的功能是判断一个 5 位数是否为回文数,即 12321 是回文数,个位与万位相同,十位与千位相同。请改正程序中的错误。

```
#include<stdio.h>
void main()
{   /**********FOUND**********/
    long ge,shi,qian;wan,x;
    scanf("%ld",&x);
    /**********FOUND**********/
    wan=x%10000;
    qian=x%10000/1000;
    shi=x%100/10;
    ge=x%10;
    /**********FOUND**********/
    if (ge==wan||shi==qian)
        printf("this number is a huiwen\n");
    else
        printf("this number is not a huiwen\n");
}
```

(2) 利用条件运算符的嵌套来完成此题:学习成绩为 90 分以上(包括 90 分)的学生用 A 表示,60~89 分的用 B 表示,60 分以下的用 C 表示。请改正程序中的错误。

```
#include <stdio.h>
void main()
```

```
{ int score;
  /**********FOUND**********/
  char *grade;
  printf("please input a score\n");
  /**********FOUND**********/
  scanf("%d",score);
  /**********FOUND**********/
  grade=score>=90?'A';(score>=60?'B':'C');
  printf("%d belongs to %c\n",score,grade);
}
```

2. 程序填空题

(1) 以下程序实现输出 x、y、z 这 3 个数中的最大者。

```
#include<stdio.h>
void main()
{  int x = 4, y = 6,z = 7;
   /**********SPACE**********/
   int u ,【?】;
   if(x>y)
      /**********SPACE**********/
      【?】;
   else
      u = y;
   if(u>z)
      v = u;
   else
      v=z;
   printf("the max is %d\n",v );
}
```

(2) 输入某年某月某日，判断这一天是这一年的第几天。

```
#include <stdio.h>
void main()
{  int day,month,year,sum,leap;
   printf("\nplease input year,month,day\n");
   scanf("%d,%d,%d",&year,&month,&day);
   switch(month)
   {  case 1:sum=0;break;
      case 2:sum=31;break;
      case 3:sum=59;break;
      /**********SPACE**********/
```

```
        case 4:【?】;break;
        case 5:sum=120;break;
        case 6:sum=151;break;
        case 7:sum=181;break;
        case 8:sum=212;break;
        case 9:sum=243;break;
        case 10:sum=273;break;
        case 11:sum=304;break;
        case 12:sum=334;break;
        default:printf("data error");break;
    }
    /***********SPACE***********/
    【?】;
    /***********SPACE***********/
    if(year%400==0||【?】)
        leap=1;
    else
        leap=0;
    /***********SPACE***********/
    if(【?】)
        sum++;
    printf("it is the %dth day.",sum);
}
```

3. 程序设计题

功能：对某一浮点数的值保留 2 位小数，并对第三位数进行四舍输出 6 位数后 4 位均为 0。(说明：因受所学知识的限制，现阶段可以只用一个主函数来完成。)

```
#include <stdio.h>
#include "conio.h"
double fun(float h)
{  /**********Program**********/




    /********** End **********/
}
void main()
{  float  m;
    printf("Enter m: ");
    scanf("%f", &m);
    printf("\nThe result is %f\n", fun(m));
}
```

2.4 单层循环程序设计

一、实验目的

(1) 掌握 while 语句、do-while 语句和 for 语句的基本使用方法。
(2) 掌握循环结构程序设计的一些常用算法。

二、实验内容(均要求给出运行结果)

1. 程序改错题

(1) 以下程序实现求出 1×1+2×2+…+n×n≤1000 中满足条件的最大的 n。

```
#include <stdio.h>
void main()
{ int n,s;
  /**********FOUND**********/
  s==n=0;
  /**********FOUND**********/
  while(s>1000)
  { ++n;
    s+=n*n;
  }
  /**********FOUND**********/
  printf("n=%d\n",&n-1);
}
```

(2) 一个球从 100m 高度自由落下,每次落地后反跳回原高度的一半,再落下,求它在第 10 次落地时,共经过多少米?第 10 次反弹多高?

```
#include <stdio.h>
void main()
{ /**********FOUND**********/
  float sn=100.0;hn=sn/2;
  int n;
  /**********FOUND**********/
  for(n=2;n<10;n++)
  { sn=sn+2*hn;
    /**********FOUND**********/
    hn=hn%2;
  }
  printf("the total of road is %f\n",sn);
  printf("the tenth is %f meter\n",hn);
}
```

2. 程序填空题

(1) 以每行 5 个数来输出 300 以内能被 7 或 17 整除的偶数，并求出其和。请填空。

```
#include <stdio.h>
void main()
{ int i,n,sum;
   sum=0;
   /***********SPACE***********/
   【?】;
   /***********SPACE***********/
   for(i=1; 【?】 ;i++)
      /***********SPACE***********/
      if(【?】)
         if(i%2==0)
         { sum=sum+i;
            n++;
            printf("%6d",i);
            /***********SPACE***********/
            if(【?】)
               printf("\n");
         }
   printf("\ntotal=%d\n",sum);
}
```

(2) 计算平均成绩并统计 90 分以上的人数。请填空。

```
#include <stdio.h>
void main ()
{ int n,m;
   float grade,average;
   average=0.0;
   /***********SPACE***********/
   n=m=【?】;
   while(1)
   { /***********SPACE***********/
      【?】("%f",&grade);
      if(grade<0)
         break;
      n++;
      average+=grade;
      /***********SPACE***********/
      if(grade<90)
         【?】;
      m++;
   }
   if(n)
      printf("%.2f\n%d\n",average/n,m);
}
```

3. 程序设计题

功能：求一个四位数的各位数字的立方和。(说明：因为关于函数调用的知识在第 7 章讲解，所以在现阶段本程序的设计可以改用一个主函数来完成。)

```
#include <stdio.h>
int fun(int n)
{   /**********Program**********/



    /********* End *********/
    }
void main()
{   int k;
    k=fun(1234);
    printf("k=%d\n",k);
}
```

2.5 嵌套循环程序设计

一、实验目的

(1) 掌握循环嵌套的程序设计方法。
(2) 掌握 break 语句和 continue 语句的使用方法。
(3) 掌握结构化程序设计的基本技巧和方法。

二、实验内容(均要求给出运行结果)

1. 程序改错题

(1) 以下程序的功能是循环读取 7 个整数(1~50)，每读取一个整数存入变量 a，程序打印出 a 个 *。

```
#include <stdio.h>
void main()
{   int i,a,n=1;
    /**********FOUND**********/
    while(n<7)
    {   do
        {   scanf("%d",&a);
        }
        /**********FOUND**********/
        while(a<1&&a>50);
        /**********FOUND**********/
```

```
        for(i=0;i<=a;i++)
            printf("*");
        printf("\n");
        n++;
    }
}
```

(2) 以下程序的功能是将一个正整数分解质因数。例如，输入 90，打印出 90=2*3*3*5。

```
#include <stdio.h>
void main()
{   int n,i;
    printf("\nplease input a number:\n");
    scanf("%d",&n);
    printf("%d=",n);
    for(i=2;i<=n;i++)
    {   /**********FOUND**********/
        while(n==i)
        {   /**********FOUND**********/
            if(n%i==1)
            {   printf("%d*",i);
                /**********FOUND**********/
                n=n%i;
            }
            else
                break;
        }
    }
    printf("%d\n",n);
}
```

2. 程序填空题

(1) 输出 1 到 100 之间每位数的乘积大于每位数的和的数。例如，数字 26，数位上数字的乘积 12 大于数字之和 8。

```
#include <stdio.h>
void main()
{   int n,k=1,s=0,m;
    for(n=1;n<=100;n++)
    {   k=1;
        s=0;
        /***********SPACE***********/
        【?】 ;
        /***********SPACE***********/
        while( 【?】 )
        {   k*=m%10;
```

```
        s+=m%10;
        /***********SPACE***********/
        【?】;
      }
      if(k>s)
        printf("%d ",n);
  }
}
```

(2) 如果整数A的全部因子(包括1，不包括A本身)之和等于B；且整数B的全部因子(包括1，不包括B本身)之和等于A，则将整数A和B称为亲密数。求3000以内的全部亲密数。请填空。

```
#include <stdio.h>
void main()
{ int a, i, b, n ;
  printf("Friendly-numbers pair samller than 3000:\n") ;
  for(a=1 ; a<3000 ; a++)
  { for(b=0,i=1 ; i<=a/2 ; i++ )
      /***********SPACE***********/
      if(!(a%i))
        【?】 ;
    for(n=0,i=1 ; i<=b/2 ; i++)
      /***********SPACE***********/
      if(!(b%i))
        【?】 ;
    /***********SPACE***********/
    if(【?】 && a<b)
      printf("%4d~%4d\n",a,b) ;
  }
}
```

3. 程序设计题

功能：求给定正整数m以内的素数之和。例如，当m=20时，函数值为77。(说明：因为关于函数调用的知识在第7章讲解，所以在现阶段本程序的设计可以改用一个主函数来完成。)

```
#include <stdio.h>
int fun(int m)
{ /**********Program**********/




  /********** End **********/
}
```

```
void main()
{   int y;
    y=fun(20);
    printf("y=%d\n",y);
}
```

2.6 一维数组程序设计

一、实验目的

(1) 掌握一维数组的定义、赋值、初始化及输入输出的方法。
(2) 掌握与数组有关的算法(重点是排序算法)。

二、实验内容(均要求给出运行结果)

1. 程序改错题

(1) 以下程序的功能是在一个已按升序排列的数组中插入一个数,插入后,数组元素仍按升序排列。请改正程序中的错误。

```
#include <stdio.h>
#define N 11
void main()
{   int i,number,a[N]={1,2,4,6,8,9,12,15,149,156};
    printf("please enter an integer to insert in the array:\n");
    /**********FOUND**********/
    scanf("%d",&number)
    printf("The original array:\n");
    for(i=0;i<N-1;i++)
        printf("%5d",a[i]);
    printf("\n");
    /**********FOUND**********/
    for(i=N-1;i>=0;i--)
        if(number<=a[i])
            /**********FOUND**********/
            a[i]=a[i-1];
        else
        {   a[i+1]=number;
            /**********FOUND**********/
            exit;
        }
    if(number<a[0])  a[0]=number;
    printf("The result array:\n");
    for(i=0;i<N;i++)
        printf("%5d",a[i]);
```

```
    printf("\n");
}
```

(2) 以下程序的功能是某个公司采用公用电话传递数据，数据是四位的整数，在传递过程中是加密的，加密规则如下：每位数字都加上 5，然后除以 10 的余数代替该位数字。再将新生成数据的第一位和第四位交换，第二位和第三位交换。例如，输入一个四位整数 1234，则结果为 9876。请改正程序中的错误。

```
#include <stdio.h>
void main()
{ int a,i,aa[4],t;
   printf("输入一个四位整数：");
   /*********FOUND**********/
   scanf("%d",a);
   aa[0]=a%10;
   /*********FOUND**********/
   aa[1]=a%100%10;
   aa[2]=a%1000/100;
   aa[3]=a/1000;
   /*********FOUND**********/
   for(i=0;i<3;i++)
   { aa[i]+=5;
     aa[i]%=10;
   }
   for(i=0;i<=3/2;i++)
   { t=aa[i];
     aa[i]=aa[3-i];
     aa[3-i]=t;
   }
   for(i=3;i>=0;i--)
     printf("%d",aa[i]);
}
```

2. 程序填空题

(1) 以下程序的功能是输出 1000 以内的所有完数及其因子。说明：所谓完数是指一个整数的值等于它的因子之和。例如，6 的因子是 1、2、3，而 6=1+2+3，故 6 是一个完数。请填空。

```
#include <stdio.h>
void main()
{ int i,j,m,s,k,a[100] ;
   for(i=1 ; i<=1000 ; i++ )
   { m=i ;
     s=0 ;
     k=0 ;
```

```
        for(j=1 ; j<m ; j++)
           /**********SPACE**********/
           if(【?】)
           {  s=s+j ;
              /**********SPACE**********/
              【?】=j ;
           }
        if(s!=0&&s==m)
        {  /**********SPACE**********/
           for(j=0 ; 【?】 ; j++)
              printf("%4d",a[j]) ;
           printf(" =%4d\n",i) ;
        }
     }
  }
}
```

(2) 以下程序产生 10 个[30,90]区间上的随机整数，然后对其用选择法进行由小到大的排序。请填空。

```
#include <stdio.h>
#include <stdlib.h>
#include "time.h"
void main()
{  /**********SPACE**********/
   【?】;
   int i,j,k;
   int a[10];
   srand(time(0));
   for(i=0;i<10;i++)
      a[i]= rand()%61+30;
   for(i=0;i<9;i++)
   {  /**********SPACE**********/
      【?】;
      for(j=i+1;j<10;j++)
         /**********SPACE**********/
         if(【?】) k=j;
      if(k!=i)
      {  t=a[k];
         a[k]=a[i];
         a[i]=t;
      }
   }
   /**********SPACE**********/
   for(【?】 )
      printf("%5d",a[i]);
   printf("\n");
}
```

3. 程序设计题

功能：编写函数求一批数中最大值和最小值的差。(说明：因为关于函数调用的知识在第 7 章讲解，所以在现阶段本程序的设计可以改用一个主函数来完成。)

```
#define N 30
#include "stdlib.h"
#include <stdio.h>
int max_min(int a[],int n)
{  /**********Program**********/




   /********** End **********/
}
void main()
{  int a[N],i,k;
   for(i=0;i<N;i++)
      a[i]=rand()%100;
   for(i=0;i<N;i++)
   {  printf("%5d",a[i]);
      if((i+1)%5==0)
         printf("\n");
   }
   k=max_min(a,N);
   printf("the result is:%d\n",k);
}
```

2.7 二维数组程序设计

一、实验目的

(1) 掌握二维数组的定义、引用和初始化方法。
(2) 掌握数组在实际问题中的应用。

二、实验内容(均要求给出运行结果)

1. 程序改错题

(1) 打印出杨辉三角形(要求打印出 10 行)，请改正程序中的错误。

```
#include <stdio.h>
void main()
{  int i,j;
   int a[10][10];
```

```
    printf("\n");
/*********FOUND*********/
    for(i=1;i<10;i++)
    {  a[i][0]=1;
       a[i][i]=1;
    }
/*********FOUND*********/
    for(i=1;i<10;i++)
       for(j=1;j<i;j++)
/*********FOUND*********/
          a[i][i]=a[i-1][j-1]+a[i-1][j];
    for(i=0;i<10;i++)
    {  for(j=0;j<=i;j++)
          printf("%5d",a[i][j]);
       printf("\n");
    }
}
```

(2) 利用二维数组输出如下图形。请改正程序中的错误。

```
        *******
         *****
          ***
           *
          ***
         *****
        *******
```

```
#include <stdio.h>
#include <conio.h>
#define N  7
void main()
{  /*********FOUND*********/
   int a[N][N];
   int i,j,z;
   for(i=0;i<N;i++)
      for(j=0;j<N;j++)
/*********FOUND*********/
         a[i][j]=;
   z=0;
   for(i=0;i<(N+1)/2;i++)
   {  for(j=z;j<N-z;j++)
/*********FOUND*********/
         a[i][j]=' ';
      z=z+1;
   }
```

```
        z=z-1;
        for(i=(N+1)/2;i<N;i++)
        {  z=z-1;
           for(j=z;j<N-z;j++)
              a[i][j]='*';
        }
        for(i=0;i<N;i++)
        {  for(j=0;j<N;j++)
        /**********FOUND**********/
              printf("%d",a[i][j]);
           printf("\n");
        }
    }
```

2. 程序填空题

(1) 以下程序产生并输出如下形式的方阵。请填空。

```
1 2 2 2 2 2 1
3 1 2 2 2 1 4
3 3 1 2 1 4 4
3 3 3 1 4 4 4
3 3 1 5 1 4 4
3 1 5 5 5 1 4
1 5 5 5 5 5 1
```

```
#include <stdio.h>
void main()
{   int a[7][7];
    int i,j;
    for (i=0;i<7;i++)
        for (j=0;j<7;j++)
        {  /**********SPACE**********/
           if (【?】)
               a[i][j]=1;
        /**********SPACE**********/
           else if (i<j&&i+j<6)
               【?】;
           else if (i>j&&i+j<6)
               a[i][j]=3;
        /**********SPACE**********/
           else if (【?】)
               a[i][j]=4;
           else
               a[i][j]=5;
        }
```

```
    for (i=0;i<7;i++)
    {  for (j=0;j<7;j++)
          printf("%4d",a[i][j]);
       /***********SPACE***********/
       【?】;
    }
}
```

(2) 以下程序求一个二维数组中每行的最大值和每行的和(二维数组元素的值要求是随机生成的小于 40 的数)。

```
#include <stdio.h>
#include <time.h>
#include <stdlib.h>
void main()
{  int a[5][5],b[5],c[5],i,j,k,sum=0;
   srand(time(0));
   for(i=0;i<5;i++)
      for(j=0;j<5;j++)
         a[i][j]=rand()%40;
   for(i=0;i<5;i++)
   {  /***********SPACE***********/
      k=a[i][0];
      【?】 ;
      for(j=0;j<5;j++)
      {  /***********SPACE***********/
         if(【?】)
            k=a[i][j] ;
         sum=sum+a[i][j];
      }
      b[i]=k;
      /***********SPACE***********/
      c[i]=【?】 ;
   }
   for(i=0;i<5;i++)
   {  for(j=0;j<5;j++)
      /***********SPACE***********/
         printf("%5d", 【?】 );
      printf("%5d%5d",b[i],c[i]);
      printf("\n");
   }
}
```

3. 程序设计题

功能：求 5 行 5 列矩阵的主、副对角线上元素之和。注意，两条对角线相交的元素只加一次。例如，主函数中给出的矩阵的两条对角线的和为 45。(说明：因为关于函数调用的知识在第 7 章讲解，所以在现阶段本程序的设计可以改用一个主函数来完成。)

```
#include <stdio.h>
#define M 5
int fun(int a[M][M])
{  /**********Program**********/



   /********** End **********/
}
void main()
{  int a[M][M]
   ={{1,3,5,7,9},{2,4,6,8,10},{2,3,4,5,6},{4,5,6,7,8},{1,3,4,5,6}};
   int y;
   y=fun(a);
   printf("s=%d\n",y);
}
```

2.8　字符数组程序设计

一、实验目的

(1) 进一步掌握数组(重点是一维数组)的应用。

(2) 掌握字符数组和字符串函数的使用。

二、实验内容(均要求给出运行结果)

1. 程序改错题

(1) 以下程序实现从字符串 str 中删除第 i 个字符开始的连续 n 个字符(注意：str[0]代表字符串的第一个字符)。请改正程序中的错误。

```
#include <stdio.h>
/**********FOUND**********/
#include <stdlib.h>
void main()
{  char  str[81];
   int   i,n;
   printf("请输入字符串 str 的值:\n");
   scanf("%s",str);
   printf("你输入的字符串 str 是:%s\n",str);
   printf("请输入删除位置 i 和待删字符个数 n 的值:\n");
   scanf("%d%d",&i,&n);
```

```
    while (i+n-1>strlen(str))
    {  printf("删除位置i和待删字符个数n的值错！请重新输入i和n的值\n");
       scanf("%d%d",&i,&n);
    }
    /**********FOUND**********/
    while(str[i+n])
    {  str[i-1]=str[i+n-1];
       i++;
    }
    /**********FOUND**********/
    str[i]='\0';
    printf("删除后的字符串str是:%s\n",str);
}
```

(2) 下面程序的功能是：求 3 个字符串(每串不超过 20 个字符)中的最大者。请改正程序中的错误。

```
#include <stdio.h>
#include <string.h>
void main()
{  char s[20],string[3][20];
   int i;
   for (i=0; i<3 ;i++)
      /**********FOUND**********/
      gets(string);
   /**********FOUND**********/
   if(string[0][0]>string[1][0])
      strcpy(s,string[0]);
   else
      strcpy(s,string[1]);
   if strcmp(string[2],s)>0
      strcpy(s,string[2]);
   /**********FOUND**********/
   printf(s);
}
```

2. 程序填空题

(1) 删除字符串中的指定字符，字符串和要删除的字符均由键盘输入。请填空。

```
#include <stdio.h>
void main()
{  char str[80],ch;
   /***********SPACE***********/
   int i,k=【?】;
   gets(str);
   /***********SPACE***********/
```

```
        ch=【?】;
        for(i=0;str[i]!='\0';i++)
          if(str[i]!=ch)
          {  /***********SPACE***********/
             【?】;
             k++;
          }
      /***********SPACE***********/
      【?】;
      puts(str);
}
```

(2) 以下程序将字符串 s 中的数字字符放入 d 数组中，最后输出 d 中的字符串。例如，输入字符串 abc123edf456<回车>，执行程序后输出 123456。

```
#include <stdio.h>
#include <string.h>
void main()
{  char s[80],d[80];
   int i,j;
   gets(s);
   /***********SPACE***********/
   for(i=j=0;【?】;i++)
      /***********SPACE***********/
      if(【?】)
      { d[j]=s[i];
         j++;
      }
   d[j]='\0';
   puts(d);
}
```

3. 程序设计题

功能：求一个给定字符串中的字母的个数。(说明：因为关于函数调用的知识在第 7 章讲解，所以在现阶段本程序的设计可以改用一个主函数来完成。)

```
#include <stdio.h>
int fun(char s[])
{  /**********Program**********/



   /********** End **********/
}
void main()
{  char str[]="Best wishes for you!";
```

```
    int k;
    k=fun(str);
    printf("k=%d\n",k);
}
```

2.9　函数调用程序设计

一、实验目的

(1) 掌握函数的定义方法。
(2) 掌握函数的声明与调用方法。
(3) 掌握函数实参与形参的对应关系，以及"值传递"的方式。
(4) 掌握函数的嵌套调用。

二、实验内容(均要求给出运行结果)

1. 程序改错题

(1) 求二分之一的圆面积，函数通过形参得到圆的半径，函数返回二分之一的圆面积。例如，输入圆的半径值 19.527，输出 s = 598.950017。请改正程序中的错误。

```
#include <stdio.h>
/**********FOUND**********/
double fun( r)
{ double s;
  /**********FOUND**********/
  s=1/2*3.14159* r * r;
  /**********FOUND**********/
    return r;
}
void main()
{ float x;
  printf ( "Enter x: ");
  scanf ( "%f", &x );
  printf (" s = %f\n ", fun ( x ) );
}
```

(2) 判断 m 是否为素数，若是返回 1，否则返回 0。请改正程序中的错误。

```
#include <stdio.h>
/**********FOUND**********/
int  fun( int n)
{  int i,k=1;
   if(m<=1)  k=0;
   /**********FOUND**********/
   for(i=1;i<m;i++)
      /**********FOUND**********/
```

```
        if(m%i=0) k=0;
   /**********FOUND**********/
   return m;
}
void main()
{  int m,k=0;
   for(m=1;m<100;m++)
      if(fun(m)==1)
      {  printf("%4d",m);
         k++;
         if(k%5==0)
            printf("\n");
      }
}
```

2. 程序填空题

(1) 计算并输出 500 以内最大的 10 个能被 13 或 17 整除的自然数之和。请填空。

```
#include <stdio.h>
int fun(int  k)
{  int m=0;
   /**********SPACE**********/
   int mc=【?】;
   /**********SPACE**********/
   while (k >= 2 && mc<【?】)
   {  /**********SPACE**********/
      if (k%13 == 0 || 【?】)
      {  m=m+k;
         mc++;
      }
      k--;
   }
   return m;
}
void main()
{  /**********SPACE**********/
   printf("%d\n", 【?】);
}
```

(2) 下面程序的功能是计算 sum＝1+(1+1/2)+(1+1/2+1/3)+…+(1+1/2+…+1/n)的值。例如，当 n＝3 时，sum＝4.3333333。请填空。

```
#include <stdio.h>
double f(int n)
{  int i;
   double s;
```

```
    s=0;
    for(i=1;i<=n;i++)
        /***********SPACE***********/
        【?】;
    return s;
}
void main()
{   int i,m=3;
    double sum=0;
    for(i=1;i<=m;i++)
        /***********SPACE***********/
        【?】;
    /***********SPACE***********/
    printf("【?】\n",sum);
}
```

3. 程序设计题

功能：找出一个大于给定整数且紧随这个整数的素数，并作为函数值返回。

```
#include <stdio.h>
#include "conio.h"
int fun(int n)
{   /**********Program**********/



    /********** End **********/
}
void main()
{   int  m;
    printf("Enter m: ");
    scanf("%d", &m);
    printf("\nThe result is %d\n", fun(m));
}
```

2.10 递归函数和数组作为参数程序设计

一、实验目的

(1) 掌握函数的递归调用。
(2) 了解数组名作为函数参数的用法以及"地址传递"的方式。
(3) 理解局部变量、全局变量及存储类别的概念。
(4) 学习对多文件程序的编译和运行。

二、实验内容(均要求给出运行结果)

1. 程序改错题

(1) 有 5 个人坐在一起,问第五个人多少岁,他说比第四个人大 2 岁,问第四个人岁数,他说比第三个人大 2 岁,问第三个人,又说比第二个人大 2 岁,问第二个人,说比第一个人大 2 岁,最后问第一个人,他说是 10 岁。请问第五个人多大?请改正程序中的错误。

```
#include <stdio.h>
age(int n)
{   int c;
    /**********FOUND**********/
    if(n=1)
       c=10;
    else
    /**********FOUND**********/
       c=age(n)+2;
    return(c);
}
void main ()
{   /**********FOUND**********/
    printf("%d\n",age5);
}
```

(2) 利用递归函数调用方式,将所输入的 5 个字符以相反顺序打印出来。请改正程序中的错误。

```
#include <stdio.h>
void main()
{   int i=5;
    void palin(int n);
    printf("\40:");
    palin(i);
    printf("\n");
}
void palin(int n)
{   /**********FOUND**********/
    int next;
    if(n<=1)
    {   /**********FOUND**********/
        next!=getchar();
        printf("\40:");
        putchar(next);
    }
    else
    {   next=getchar();
```

```
        /**********FOUND**********/
        palin(n);
        putchar(next);
    }
}
```

2. 程序填空题

(1) 用递归法将一个整数 n 转换成字符串，例如，输入 483，应输出对应的字符串"483"。n 的位数不确定，可以是任意位数的整数。请填空。

```
#include <stdio.h>
void convert(int n)
{   int i;
    /**********SPACE**********/
    if((【?】)!=0)
        convert(i);
    /**********SPACE**********/
    putchar(n%10+【?】);
}
void main()
{   int number;
    printf("\ninput an integer:");
    scanf("%d",&number);
    printf("Output:");
    if(number<0)
    {   putchar('-');
        /**********SPACE**********/
        【?】;
    }
    convert(number);
}
```

(2) 以下程序的功能是统计一个字符串中的字母、数字、空格和其他字符的个数。请填空。

```
#include <stdio.h>
void fun(char s[],int b[])
{   int i;
    for (i=0;s[i]!='\0';i++)
        if ('a'<=s[i]&&s[i]<='z'||'A'<=s[i]&&s[i]<='Z')
            b[0]++;
        /**********SPACE**********/
        else if (【?】)
            b[1]++;
        /**********SPACE**********/
        else if (【?】)
```

```
            b[2]++;
        else
            b[3]++;
}
void main()
{   char s1[80];
    int a[4]={0};
    int k;
    /**********SPACE**********/
    【?】;
    gets(s1);
    /**********SPACE**********/
    【?】;
    puts(s1);
    for(k=0;k<4;k++)
        printf("%4d",a[k]);
}
```

3. 程序设计题

功能：求 k！(k<13)，所求阶乘的值作为函数值返回(要求使用递归)。

```
#include <stdio.h>
#include"conio.h"
long fun(int k)
{   /**********Program**********/



    /********** End **********/
}
void main()
{   int m;
    printf("Enter m: ");
    scanf("%d", &m);
    printf("\nThe result is %ld\n", fun(m));
}
```

2.11　指针与变量程序设计

一、实验目的

(1) 掌握指针的概念、指针的定义和使用方法。

(2) 了解指针的基类型。

(3) 掌握指针与简单变量的关系及使用方法。

第二部分 实验项目

二、实验内容(均要求给出运行结果)

1. 程序改错题

(1) 以下程序的功能是求两个形参的乘积和商数,并通过形参返回调用程序。请改正程序中的错误。

```
#include <stdio.h>
#include <conio.h>
/**********FOUND**********/
void fun ( double a, b, double *x, double *y )
{  /**********FOUND**********/
   x = a * b;
   /**********FOUND**********/
   y = a / b;
}
void main()
{ double a, b, c, d;
  printf ( "Enter a , b : ");
  scanf ( "%lf%lf", &a, &b );
  fun ( a , b, &c, &d ) ;
  printf (" c = %f d = %f\n ", c, d );
}
```

(2) 以下程序的功能是将长整型数中每一位上为偶数的数依次取出,构成一个新数放在 t 中。高位仍在高位,低位仍在低位。例如,当 s 中的数为 87654 时,t 中的数为 864。请改正程序中的错误。

```
#include <conio.h>
#include <stdio.h>
void fun (long s, long *t)
{ int d;
  long sl=1;
  *t = 0;
  while ( s > 0)
  { d = s%10;
    /**********FOUND**********/
    if(d%2=0)
    { /**********FOUND**********/
      *t=d* sl+ t;
      sl *= 10;
    }
    /**********FOUND**********/
    s\=10;
  }
}
```

```
void main()
{ long s, t;
  printf("\nPlease enter s:");
  scanf("%ld", &s);
  fun(s, &t);
  printf("The result is: %ld\n", t);
}
```

2. 程序填空题

(1) 以下程序的功能是输出两个整数中较大的数,两个整数由键盘输入。请填空。

```
#include <stdio.h>
#include <stdlib.h>
void main()
{ int *p1,*p2;
  /**********SPACE**********/
  p1=【?】malloc(sizeof(int));
  p2=(int*)malloc(sizeof(int));
  /**********SPACE**********/
  scanf("%d%d",【?】,p2);
  if(*p2>*p1)
      *p1=*p2;
  free(p2);
  /**********SPACE**********/
  printf("max=%d\n",【?】);
}
```

(2) 下面程序的功能是输入 3 个数 n1、n2、n3,按从小到大的顺序输出。请填空。

```
#include <stdio.h>
void main()
{ void swap(int *p1, int *p2);
  int n1,n2,n3;
  int *pointer1,*pointer2,*pointer3;
  printf("please input 3 number:n1,n2,n3:");
  scanf("%d,%d,%d",&n1,&n2,&n3);
  pointer1=&n1;
  pointer2=&n2;
  pointer3=&n3;
  /**********SPACE**********/
  if(【?】)
      swap(pointer1,pointer2);
  /**********SPACE**********/
  if(【?】)
      swap(pointer1,pointer3);
  /**********SPACE**********/
```

```
    if(【?】)
        swap(pointer2,pointer3);
    printf("the sorted numbers are:%d,%d,%d\n",n1,n2,n3);
}
/***********SPACE***********/
void swap(【?】)
{   int p;
    p=*p1;
    *p1=*p2;
    *p2=p;
}
```

3. 程序设计题

功能：删除所有值为 y 的元素。数组元素中的值和 y 的值由主函数通过键盘输入。

```
#include <stdio.h>
#include <conio.h>
#include <stdio.h>
#define M 20
void fun(int bb[],int *n,int y)
{   /**********Program**********/




    /********** End **********/
}
void main()
{   int aa[M],n,y,k;
    printf("\nPlease enter n:");
    scanf("%d",&n);
    printf("\nEnter %d positive number:\n",n);
    for(k=0;k<n;k++)
        scanf("%d",&aa[k]);
    printf("The original data is:\n");
    for(k=0;k<n;k++)
        printf("%5d",aa[k]);
    printf("\nEnter a number to deletede:");
    scanf("%d",&y);
    fun(aa,&n,y);
    printf("The data after deleted %d:\n",y);
    for(k=0;k<n;k++)
        printf("%4d",aa[k]);
    printf("\n");
}
```

2.12 指针与数组程序设计

一、实验目的

(1) 掌握指针与一维数组的关系及使用方法。
(2) 掌握指针与二维数组的关系及使用方法。
(3) 掌握指针数组的使用方法。
(4) 了解二级指针的概念和用法。

二、实验内容(均要求给出运行结果)

1. 程序改错题

(1) 以下程序的功能是在一个一维整型数组中找出其中最大的数及其下标。请改正程序中的错误。

```
#include <stdio.h>
#define N 10
/**********FOUND**********/
float fun(int *a,int *b,int n)
{   int *c,max=*a;
    for(c=a+1;c<a+n;c++)
        if(*c>max)
        {   max=*c;
            /**********FOUND**********/
            b=c-a;
        }
    return max;
}
void main()
{   int a[N],i,max,p=0;
    printf("please enter 10 integers:\n");
    for(i=0;i<N;i++)
        /**********FOUND**********/
        get("%d",a[i]);
    /**********FOUND**********/
    m=fun(a,p,N);
    printf("max=%d,position=%d\n",max,p);
}
```

(2) 以下程序的功能是删除 w 所指数组中下标为 k 的元素中的值。程序中调用了 getindex、arrout 和 arrdel 3 个函数，getindex 用来输入所删元素的下标，函数中对输入的下标进行检查，若越界，则要求重新输入，直到正确为止；arrout 用来输出数组中的数据；arrdel 用来进行所要求的删除操作。请改正程序中的错误。

```
#include <stdio.h>
#define NUM 10
/**********FOUND**********/
arrout ( int w, int m )
{  int k;
   /**********FOUND**********/
   for (k = 1; k < m; k++)
      /**********FOUND**********/
      printf ("%d " w[k]);
   printf ("\n");
}
arrdel ( int *w, int n, int k )
{  int i;
   for ( i = k; i < n-1; i++ )
      w[i] = w[i+1];
   n--;
   return n;
}
getindex( int n )
{  int i;
   do
   {  printf("\nEnter the index [ 0<= i< %d ]: ", n );
      scanf ("%d",&i );
   }while( i < 0 || i > n-1 );
   return i;
}
void main()
{  int n, d, a[NUM]={21,22,23,24,25,26,27,28,29,30};
   n = NUM;
   printf ("Output primary data :\n");
   arrout ( a, n );
   d = getindex( n );
   n = arrdel ( a, n, d );
   printf ("Output the data after delete :\n");
   arrout( a, n );
}
```

2. 程序填空题

(1) 以下程序的功能是建立一个如下的二维数组，并按以下格式输出。请填空。

  1 0 0 0 1
  0 1 0 1 0
  0 0 1 0 0
  0 1 0 1 0
  1 0 0 0 1

```
#include <stdio.h>
void main()
{   int c[5][5]={0},*p[5],i,j;
    for(i=0;i<5;i++)
        /***********SPACE***********/
        p[i]=【?】;
    for(i=0;i<5;i++)
    {   /***********SPACE***********/
        *(p[i]+i)=【?】;
        /***********SPACE***********/
        *(p[i]+5-(【?】))=1;
    }
    for(i=0;i<5;i++)
    {   for(j=0;j<5;j++)
            printf("%2d",p[i][j]);
        /***********SPACE***********/
        putchar('【?】');
    }
}
```

(2) 下面程序的功能是求一批数据(数组)的最大值并返回下标。请填空。

```
#include <stdio.h>
int max(int *p,int n,int *index)
{   int i,in=0,m;
    /***********SPACE***********/
    【?】;
    for (i=1;i<n;i++)
        if(m<*(p+i))
        {   m=*(p+i);
            /***********SPACE***********/
            【?】;
        }
    *index=in;
    /***********SPACE***********/
    【?】;
}
void main()
{   int i,a[10]={3,7,5,1,2,8,6,4,10,9},m;
    /***********SPACE***********/
    m=【?】;
    printf("最大值%d,下标%d\n", m,i);
}
```

3. 程序设计题

功能：对长度为 7 个字符的字符串，除首、尾字符外，将其余 5 个字符按降序排列。例如，原来的字符串为 CEAedca，排序后输出 CedcEAa。

```
#include <stdio.h>
#include <ctype.h>
#include <conio.h>
void fun(char *s,int num)
{   /**********Program**********/




    /********** End **********/
}
void main()
{   char s[10];
    printf("输入 7 个字符的字符串:");
    gets(s);
    fun(s,7);
    printf("\n%s\n",s);
}
```

2.13 指针与字符串程序设计

一、实验目的

(1) 掌握指针与字符数组的关系。
(2) 掌握利用字符指针处理字符串的基本方法。

二、实验内容(均要求给出运行结果)

1. 程序改错题

(1) 以下程序实现从键盘接收一个字符串，然后按照字符顺序从小到大进行排序，并删除重复的字符。

```
#include <stdio.h>
#include <string.h>
void main()
{   char str[100],*p,*q,*r,c;
    printf("输入字符串:");
    gets(str);
    /**********FOUND**********/
    for(p=str;p;p++)
    {   for(q=r=p;*q;q++)
```

```
        if(*r>*q)
           r=q;
     /**********FOUND**********/
        if(r==p)
        { /**********FOUND**********/
           c=r;
           *r=*p;
           *p=c;
        }
     }
     for(p=str;*p;p++)
     { for(q=p;*p==*q;q++);
        strcpy(p+1,q);
     }
     printf("结果字符串：%s\n\n",str);
}
```

(2) 以下程序的功能是判断字符 ch 是否与 str 所指字符串中的某个字符相同；若相同，什么也不做，若不同，则将其插在字符串的最后。请改正程序中的错误。

```
#include <conio.h>
#include <stdio.h>
#include <string.h>
/**********FOUND**********/
void fun(char str, char ch )
{ while ( *str && *str != ch )
     str++;
  /**********FOUND**********/
  if ( *str == ch )
  { str [ 0 ] = ch;
     /**********FOUND**********/
     str[1] = '0';
  }
}
void main()
{ char s[81], c ;
  printf( "\nPlease enter a string:\n" );
  gets ( s );
  printf ("\n Please enter the character to search : " );
  c = getchar();
  fun(s, c) ;
  printf( "\nThe result is %s\n", s);
}
```

2. 程序填空题

(1) 下面程序的功能是设有两个字符串 a、b，将 a、b 中相对应字符中的较大者存放在数组 c 的对应位置上。请填空。

```
#include "stdio.h"
#include "string.h"
void main ()
{ int k=0;
  char a[80], b[80], c[80]={'\0'}, *p, *q;
  p=a;
  q=b;
  gets (a);
  gets (b);
  while (*p!='\0'&&*q!='\0')
  { /***********SPACE***********/
     if ( 【?】 )
        c[k]=*q;
     /***********SPACE***********/
     else
        c[k]= 【?】 ;
     p++;
     q++;
     k++;
  }
  if (*p !='\0')
     strcat (c, p);
  else
     strcat(c, q);
  puts (c);
}
```

(2) 以下程序的功能是将 s 所指字符串的正序和反序进行连接，形成一个新字符串放在 t 所指的数组中。例如，当 s 串为"ABCD"时，t 串的内容应为"ABCDDCBA"。请填空。

```
#include <stdio.h>
#include <string.h>
void fun (char *s, char *t)
{ int i, d;
  /***********SPACE***********/
  d = 【?】 ;
  /***********SPACE***********/
  for (i = 0; i<d; 【?】 )
     t[i] = s[i];
  for (i = 0; i<d; i++)
     /***********SPACE***********/
     t[ 【?】 ] = s[d-1-i];
  /***********SPACE***********/
```

```
       t[【?】] ='\0';
    }
    void main()
    {   char s[100], t[100];
        printf("\nPlease enter string S:");
        scanf("%s", s);
        fun(s, t);
        printf("\nThe result is: %s\n", t);
    }
```

3. 程序设计题

功能：编写函数 fun 求一个字符串的长度，在 main 函数中输入字符串，并输出其长度。

```
#include <stdio.h>
int fun(char *p1)
{   /**********Program**********/




    /********** End **********/
}
void main()
{   char *p,a[20];
    int len;
    p=a;
    printf("please input a string:\n");
    gets(p);
    len=fun(p);
    printf("The string's length is:%d\n",len);
}
```

2.14 结构体程序设计

一、实验目的

(1) 掌握结构体类型及结构体变量的定义和使用。
(2) 掌握结构体类型数组及结构体指针的定义和应用。

二、实验内容(均要求给出运行结果)

1. 程序改错题

(1) 以下是一段有关结构体变量传递的程序。请改正程序中的错误。

```
#include <stdio.h>
struct student
```

```
{   int x;
    char c;
}a;
f(struct student b)
{   b.x=20;
    /**********FOUND**********/
    b.c=y;
    printf("%d,%c\n",b.x,b.c);
}
void main()
{   a.x=3;
    /**********FOUND**********/
    a.c='a'
    f(a);
    /**********FOUND**********/
    printf("%d,%c\n",a.x,b.c);
}
```

(2) 以下程序的功能是编写 input()和 print()函数输入、输出 5 个学生的数据记录。请改正程序中的错误。

```
#include <stdio.h>
#define N 5
struct student
{   char num[6];
    char name[8];
    int score[3];
}stu[N];
void input()
{   /**********FOUND**********/
    int i;j;
    for(i=0;i<N;i++)
    {   printf("\n please input %d of %d\n",i+1,N);
        printf("num: ");
        scanf("%s",stu[i].num);
        printf("name: ");
        scanf("%s",stu[i].name);
        /**********FOUND**********/
        for(j=0;j<N;j++)
        {   printf("score %d:",j+1);
            /**********FOUND**********/
            scanf("%d",&stu[i]);
        }
        printf("\n");
    }
}
```

```
void print()
{ int i,j;
  printf("\nNo. Name Sco1 Sco2 Sco3\n");
  /**********FOUND**********/
  for(i=0;i<=N;i++)
  { printf("%-6s%-10s",stu[i].num,stu[i].name);
    for(j=0;j<3;j++)
       printf("%-8d",stu[i].score[j]);
    printf("\n");
  }
}
void main()
{ input();
  print();
}
```

2. 程序填空题

(1) 以下程序的功能是人员的记录由编号和出生年、月、日组成，N 名人员的数据已在主函数中存入结构体数组 std 中。函数 fun 的功能是找出指定出生年份的人员，将其数据放在形参 k 所指的数组中，由主函数输出，同时由函数值返回满足指定条件的人数。请填空。

```
#include <stdio.h>
#define N 8
typedef struct
{ int num;
  int year,month,day ;
}STU;
int fun(STU *std, STU *k, int year)
{ int i,n=0;
  for (i=0; i<N; i++)
     /***********SPACE***********/
     if(【?】==year)
        /***********SPACE***********/
        k[n++]= 【?】;
  /***********SPACE***********/
  return (【?】);
}
void main()
{ STU std[N]={ {1,1984,2,15},{2,1983,9,21},{3,1984,9,1},{4,1983,7,15},
  {5,1985,9,28},{6,1982,11,15},{7,1982,6,22},{8,1984,8,19}};
  STU k[N];
  int i,n,year;
  printf("Enter a year : ");
  scanf("%d",&year);
  n=fun(std,k,year);
```

```
    if(n==0)
       printf("\nNo person was born in %d \n",year);
    else
      { printf("\nThese persons were born in %d \n",year);
        for(i=0; i<n; i++)
           printf("%d,%d-%d-%d\n",k[i].num,k[i].year,k[i].month,k[i].day);
      }
}
```

(2) 用结构体调用的方法编程。要求输入 A、B、C、D、E、F 6 个元素的数值,并按从大到小的顺序输出。请填空。

```
#include <stdio.h>
#define N sizeof tbl/sizeof tbl[0]     /*取得数组元素的个数*/
int A,B,C,D,E,F;
struct ele
{  char vn;
   /**********SPACE***********/
   int 【?】;
}tbl[]={{'A',&A},{'B',&B},{'C',&C},{'D',&D},{'E',&E},{'F',&F}},t;
void main()
{  int k,j,m;
   /**********SPACE***********/
   for(k=0;k<【?】;k++)
   { printf("Enter data for %c\n",tbl[k].vn);
      scanf("%d",tbl[k].vp);
   }
   m=N-1;
   while(m>0)
   {  for(k=j=0;j<m;j++)
         /**********SPACE***********/
         if(*tbl[j].vp<【?】)
         { t=tbl[j];
            tbl[j]=tbl[j+1];
            tbl[j+1]=t;
            k=j;
         }
      /**********SPACE***********/
      【?】;
   }
   for(k=0;k<N;k++)
      printf("%c(%d)",tbl[k].vn,*tbl[k].vp);
   printf("\n");
}
```

3. 程序设计题

利用结构体类型编写程序，定义一个含有 5 个元素的结构体数组，用于存放 5 个平面点，然后输入这些点的坐标值，并统计位于以原点为圆心、半径为 3 的圆之内的点的个数。

```c
#include <stdio.h>
struct point                    //定义结构体类型 struct point
{   float x,y;
};
void main ()
{   /*********Program**********/




    /********* End **********/
}
```

2.15 文件程序设计

一、实验目的

(1) 掌握文件与文件指针的概念。
(2) 了解文件打开、关闭和读写等文件操作函数。
(3) 初步学会对文件进行基本的读写操作。

二、实验内容(均要求给出运行结果)

1. 程序改错题

(1) 以下程序实现将若干学生的档案存放在一个文件中，并显示其内容。请改正程序中的错误。

```c
#include <stdio.h>
#include <process.h>
struct student
{   int num;
    char name[10];
    int age;
};
struct student stu[3]={{001,"Li Mei",18},
                      {002,"Ji Hua",19},
                      {003,"Sun Hao",18}};
#include <stdio.h>
void main()
{   /*********FOUND**********/
```

```
    struct student p;
    /**********FOUND**********/
    cfile fp;
    int i;
    if((fp=fopen("stu_list","wb"))==NULL)
    { printf("cannot open file\n");
       exit(0);
    }
    /**********FOUND**********/
    for(*p=stu;p<stu+3;p++)
        fwrite(p,sizeof(struct student),1,fp);
    fclose(fp);
    fp=fopen("stu_list","rb");
    printf(" No.   Name      age\n");
    for(i=1;i<=3;i++)
    { fread(p,sizeof(struct student),1,fp);
       /**********FOUND**********/
       scanf("%4d %-10s %4d\n",*p.num,p->name,(*p).age);
    }
    fclose(fp);
}
```

(2) 以下程序实现将输入的 10 个 1 位整数写入一个文本文件中，然后将文件中第一个和最后一个数据显示在屏幕上。请改正程序中的错误。

```
#include "stdio.h"
#include "stdlib.h"
void main()
{ short int x[10],i,a,b;
  FILE *fp;
  for(i=0; i<10; i++)
      scanf("%d", &x[i]);
  /**********FOUND**********/
  fp=fopen("f2.txt","r");
  if(fp==NULL)
  { printf("Open error.\n");
     exit(0);
  }
  for(i=0; i<10; i++)
      fprintf(fp, "%d,",x[i]);
  fclose(fp);
  fp=fopen("f2.txt","r");
  fscanf(fp,"%d,",&a);
  /**********FOUND**********/
  fseek(fp,16,SEEK_SET);
  /**********FOUND**********/
```

```
      fscanf("%d",&b,fp);
      printf("%d,%d\n",a,b);
      fclose(fp);
}
```

2. 程序填空题

(1) 以下程序实现从键盘输入一个字符串，将小写字母全部转换成大写字母，然后输出到一个磁盘文件"test"中保存。输入的字符串以！结束。请填空。

```
#include <stdio.h>
#include <stdlib.h>
#include <string.h>
void main()
{  FILE *fp;
   char str[100];
   int i=0;
   if((fp=fopen("test","w"))==NULL)
   {  printf("cannot open the file\n");
      exit(0);
   }
   printf("please input a string:\n");
   gets(str);
   /**********SPACE**********/
   while(【?】)
   {  if(str[i]>='a'&&str[i]<='z')
      /**********SPACE**********/
          【?】;
      fputc(str[i],fp);
      i++;
   }
   fclose(fp);
   /**********SPACE**********/
   fp=fopen("test",【?】);
   fgets(str,strlen(str)+1,fp);
   printf("%s\n",str);
   fclose(fp);
}
```

(2) 有5个学生，每个学生有3门课的成绩，从键盘输入以上数据(包括学号、姓名、3门课成绩)，计算出平均成绩，设原有的数据和计算出的平均分数存放在磁盘文件"stud"中。请填空。

```
#include <stdio.h>
struct student
{  char num[6];
   char name[8];
```

```
    int score[3];
    double avr;
}stu[5];
void main()
{   int i,j,sum;
    FILE *fp;
    /*input*/
    for(i=0;i<5;i++)
    {   printf("\n please input No. %d score:\n",i);
        printf("stuNo:");
        scanf("%s",stu[i].num);
        printf("name:");
        scanf("%s",stu[i].name);
        sum=0;
        /***********SPACE***********/
        for(j=0;【?】;j++)
        {   printf("score %d:",j+1);
            scanf("%d",&stu[i].score[j]);
            /***********SPACE***********/
            sum+=stu[i].【?】;
        }
        stu[i].avr=sum/3.0;
    }
    fp=fopen("stud","w");
    /***********SPACE***********/
    for(i=0;i<5;【?】)
        /***********SPACE***********/
        if(fwrite(&stu[i],sizeof(【?】),1,fp)!=1)
            printf("file write error\n");
    fclose(fp);
}
```

3. 程序设计题

功能：设文件 number.dat 中存放了一组整数，编程统计并输出文件中正整数之和、负整数之和。

2.16 综合程序设计(大作业)

一、实验目的

(1) 初步掌握综合运用所学知识的能力和方法。
(2) 了解大型程序开发的流程、环境和基本方法。

二、实验内容(均要求给出运行结果)

(1) 写一个函数，模拟 ATM 取款机界面。

(2) 编写程序，将文件"d:\file.txt"中每行字符逆序显示在屏幕上，空行保留原样。(设每行字符不超过 80 个。)

(3) 自定义一个函数，该函数能在字符串 s 中找出所有子字符串 t，并用下划线替代之，例如，输入 s 字符串 abcdebcdbdhibcde，t 字符串为 bcd，则输出 a_e_bdhi_e。

(4) 写一个创建链表的函数，该链表的每个结点包含一个整数值，再写一个函数删除链表中包含素数的结点。

3.1 概　　述

C 语言课程设计是对学生的一种全面综合训练，要求学生在教师的指导下，着眼于原理与应用的结合点，利用本课程所学到的知识和技术，解决一些不算太复杂却具有综合性的问题。从规模上说，平时的作业和实验具有明显的针对性，而 C 语言课程设计是软件设计的综合训练，包括对实际问题的分析、总体结构的设计、用户界面的设计、基本功能的实现等。

通过课程设计的训练，可使学生对高级语言程序设计课程的知识体系有较深入的理解，在运用本课程的知识解决实际问题方面得到锻炼，对后续计算机课程的学习和应用起到启发和指导作用，同时为毕业设计环节以及将来的实际工作打下坚实的基础。

3.2 总 体 要 求

1. 系统分析与设计

在了解用户需求、明确系统目标、掌握数据流程的基础上，提出系统的结构方案和逻辑模型，并将其转化为物理模型。要求设计思想严谨、正确，能完成预定的功能，符合指定的要求。

2. 详细设计与编码

采用模块化的结构设计方法，将上述物理模型按功能逐步分解为若干模块，并为每个模块进行详细的算法设计。要求结构清晰、设计简练、界面合理、使用方便，并具有较好的通用性和可维护性。

3. 上机测试和调试

通过上机测试发现程序中的错误，通过上机调试改正测试中发现的错误。要求根据实例测试程序，找出软件中潜在的错误和缺陷。

4. 课程设计报告

课程设计报告通常包括以下几个方面的内容。
(1) 设计题目、要求、所用的软件环境和技术。
(2) 设计思想及简要说明。
(3) 模块构成、流程图、调用关系表(图)。
(4) 使用说明(包括所用文件名、文件清单、输入格式要求等)。
(5) 测试与思考(包括设计和测试中遇到的问题是如何解决的，改进的想法，经验及体会)。
(6) 打印的程序清单。

3.3 预备知识

为了拓宽学生的知识面，提高学生的自学能力以及利用计算机解决实际问题的能力，下面补充介绍部分C语言实用技术和特殊功能，包括图形技术、动画技术和字符处理技术等。需要说明的是，因为这里用VC++环境来介绍C语言，以下技术和功能与Turbo C有所不同。

一、C语言库函数及头文件简介

在C语言编译系统中，标准库函数存放在不同的头文件中。头文件的扩展名为".h"。头文件中存放了关于函数的说明、类型和宏定义，而对应的函数定义部分则存放在运行库(.lib)中。凡是需要使用这些已定义的库函数，就要用文件包含"#include "头文件名""或"#include <头文件名>"中的一种形式将此文件包含到程序中，从而直接调用此函数。

对用户而言，头文件的使用在程序设计中非常重要。当用户需要定义一些数据类型、全局变量、宏或常用的自定义函数时，可将这些定义放在一个头文件中。在需要调用这些变量、宏或函数时，就不需要再一次对这些定义进行说明，从而减少设计人员的重复劳动，既能减少工作量，又可避免出错，同时满足结构化语言模块化的要求，使整个程序更合理。VC++环境下，C语言提供的常用库函数及其头文件见表3-1。

表3-1 常用的库函数及其头文件

函数类型	适应范围	头文件名
I/O 函数	控制台 I/O、缓冲型 I/O 等	stdio.h
字符串、内存和字符函数	字符串操作和字符操作等	string.h
数学函数	三角函数、双曲线函数等	math.h

续表

函数类型	适应范围	头文件名
时间日期和与系统有关的函数	时间、日期操作和设置系统状态等	time.h
接口函数	DOS 最内层的连接、调用和控制等	dos.h
动态存储分配函数	动态申请和释放内存空间	stdlib.h
过程控制函数	控制程序执行、终止和调用等	process.h
字符屏幕和图形函数	字符屏幕操作和图形操作等	conio.h、graphics.h

二、绘图技术简介

计算机图形程序设计是程序设计中较难而又最吸引人的部分。为此不同公司推出的 C 语言编译系统都提供了许多画图的库函数，利用这些库函数可以在屏幕上画出像素、直线、曲线和图形。用户进行图形程序设计时，只要在需要的地方设置相应的参数对函数调用即可。图形系统的有关信息和函数原型在 graphics.h 头文件中。因为这里采用 VC++来介绍 C 语言，但是在 VC++环境下，绘图很难实现。所以，这里采用 EasyX 库来实现绘图。EasyX 库可以在网上免费下载，安装方法非常简单，并且简易地实现了绝大部分的绘图函数、屏幕输出文字、简易动画等，对于绘图是一个好帮手。以下介绍的函数在 VC++和 EasyX 环境下都是可用的。

1) 基本概念

绘图涉及 3 个基本要素，见表 3-2。

表 3-2 绘图相关内容

概　念	描　述
颜色	描述颜色的各种表示方法
坐标	描述坐标系
设备	描述"设备"概念

(1) 颜色。由于 EasyX 使用 24 位真彩色，不再支持调色板模式，表示颜色有以下几种方法，预定义颜色常量，见表 3-3。

表 3-3 绘图常量

常　量	值	颜　色	常　量	值	颜　色
BLACK	0	黑	DARKGRAY	0x555555	深灰
BLUE	0xAA0000	蓝	LIGHTBLUE	0xFF5555	亮蓝
GREEN	0x00AA00	绿	LIGHTGREEN	0x55FF55	亮绿

续表

常　量	值	颜　色	常　量	值	颜　色
CYAN	0xAAAA00	青	LIGHTCYAN	0xFFFF55	亮青
RED	0x0000AA	红	LIGHTRED	0x5555FF	亮红
MAGENTA	0xAA00AA	紫	LIGHTMAGENTA	0xFF55FF	亮紫
BROWN	0x0055AA	棕	YELLOW	0x55FFFF	黄
LIGHTGRAY	0xAAAAAA	浅灰	WHITE	0xFFFFFF	白

① 用十六进制的颜色表示，表示形式为：0xbbggrr (bb=蓝，gg=绿，rr=红)。

② 用 RGB 宏合成颜色。RGB 宏用于通过红、绿、蓝颜色分量合成颜色。3 个颜色常量的值都为 0～255。

③ 用 HSLtoRGB、HSVtoRGB 转换其他色彩模型到 RGB 颜色。

以下是部分设置前景色的方法：

```
setcolor(0xff0000);
setcolor(BLUE);
setcolor(RGB(0, 0, 255));
setcolor(HSLtoRGB(240, 1, 0.5));
```

(2) 坐标。在 EasyX 中，坐标分两种：逻辑坐标和物理坐标。

① 逻辑坐标。逻辑坐标是在程序中用于绘图的坐标体系。坐标默认的原点在屏幕的左上角，X 轴向右为正，Y 轴向下为正，度量单位是像素，如图 3.1 所示。

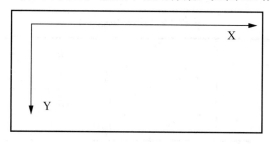

图 3.1　逻辑坐标

坐标原点可以通过 setorigin()函数修改；坐标轴方向可以通过 setaspectratio()函数修改；缩放比例可以通过 setaspectratio()函数修改。

② 物理坐标。物理坐标是描述设备的坐标体系。坐标原点在屏幕的左上角，X 轴向右为正，Y 轴向下为正，度量单位是像素。坐标原点、坐标轴方向、缩放比例都不能改变。

(3) 设备。所谓"设备"，简单来说，就是绘图表面。设备分两种，一种是默认的绘图窗口，另一种是 IMAGE 对象。通过 SetWorkingImage()函数可以设置当前用于绘图的设备。设置当前用于绘图的设备之后，所有的绘图函数都会绘制在该设备上。

2) 函数说明

EasyX 函数共分为以下几大类。

- 绘图环境相关函数。
- 颜色模型。
- 图形颜色及样式设置相关函数。
- 图形绘制相关函数。
- 文字输出相关函数。
- 图像处理相关函数。
- 鼠标处理相关函数。
- 其他函数。
- graphics.h 新增函数。

就以上函数分类说明：

(1) 绘图环境相关函数，见表 3-4。

表 3-4　绘图环境相关函数

序　号	函数或数据	描　述
①	cleardevice	清除屏幕内容
②	initgraph	初始化绘图窗口
③	closegraph	关闭图形窗口
④	getaspectratio	获取当前缩放因子
⑤	setaspectratio	设置当前缩放因子
⑥	graphdefaults	恢复绘图环境为默认值
⑦	setorigin	设置坐标原点
⑧	setcliprgn	设置当前绘图设备的裁剪区
⑨	clearcliprgn	清除裁剪区的屏幕内容

绘图环境函数详解如下。

① cleardevice：清除屏幕内容，用当前背景色清空屏幕，并将当前点移至(0, 0)。

函数声明：void cleardevice();

参数：(无)。

返回值：(无)。

② initgraph：用于初始化绘图环境。

函数声明：HWND initgraph(int Width, int Height, int Flag = NULL);

参数如下。

Width：绘图环境的宽度。

Height：绘图环境的高度。

Flag：绘图环境的样式，默认为 NULL，也可为 SHOWCONSOLE，表示可以保留原控制台窗口。

返回值：创建的绘图窗口的句柄。

③ closegraph：用于关闭图形环境。

函数声明：void closegraph();

参数：(无)。

返回值：(无)。

④ getaspectratio：用于获取当前缩放因子。

函数声明：void getaspectratio(float *pxasp, float *pyasp);

参数如下。

pxasp：返回 x 方向上的缩放因子。

pyasp：返回 y 方向上的缩放因子。

返回值：(无)。

⑤ setaspectratio：用于设置当前缩放因子。

函数声明：void setaspectratio(float xasp, float yasp);

参数如下。

xasp：x 方向上的缩放因子。例如，绘制宽度为 100 的矩形，实际的绘制宽度为 100 × xasp。

yasp：y 方向上的缩放因子。例如，绘制高度为 100 的矩形，实际的绘制高度为 100 × yasp。

返回值：(无)。

说明：如果缩放因子为负，可以实现坐标轴的翻转。例如，执行 setaspectratio(1, -1); 后，可使 Y 轴向上为正。

⑥ graphdefaults：用于重置视图、当前点、绘图色、背景色、线形、填充类型、字体为默认值。

函数声明：void graphdefaults();

参数：(无)。

返回值：(无)。

⑦ setorigin：用于设置坐标原点。

函数声明：void setorigin(int x, int y);

参数如下。

x：原点的 x 坐标(使用物理坐标)。

y：原点的 y 坐标(使用物理坐标)。

返回值：(无)。

⑧ setcliprgn：用于设置当前绘图设备的裁剪区。

函数声明：void setcliprgn(HRGN hrgn);

参数：hrgn 为区域的句柄。创建区域所使用的坐标为物理坐标。如果该值为 NULL，表示取消之前设置的裁剪区。

返回值：(无)。

⑨ clearcliprgn：用于清空裁剪区的屏幕内容。

函数声明：void clearcliprgn();

参数：(无)。

返回值：(无)。

(2) 颜色模型，见表 3-5。

表 3-5　颜色模型相关函数

序　号	函数或数据	描　　述
①	GetBValue	返回指定颜色中的蓝色值
②	GetGValue	返回指定颜色中的绿色值
③	GetRValue	返回指定颜色中的红色值
④	HSLtoRGB	转换 HSL 颜色为 RGB 颜色
⑤	HSVtoRGB	转换 HSV 颜色为 RGB 颜色
⑥	RGB	通过红、绿、蓝颜色分量合成颜色
⑦	RGBtoGRAY	转换 RGB 颜色为灰度颜色
⑧	RGBtoHSL	转换 RGB 颜色为 HSL 颜色
⑨	RGBtoHSV	转换 RGB 颜色为 HSV 颜色
⑩	BGR	交换颜色中的红色和蓝色

颜色模型函数详解如下。

① GetBValue：用于返回指定颜色中的蓝色值。

函数声明：BYTE GetBValue(COLORREF rgb);

参数如下。

rgb：指定的颜色。

返回值：指定颜色中的蓝色值，值的范围 0~255。

② GetGvalue：与①相似，略。

③ GetRvalue：与①相似，略。

④ HSLtoRGB：用于转换 HSL 颜色为 RGB 颜色。

函数声明：COLORREF HSLtoRGB(float H, float S, float L);

参数如下。

H：原 HSL 颜色模型的 Hue(色相) 分量，$0 \leqslant H < 360$。

S：原 HSL 颜色模型的 Saturation(饱和度) 分量，$0 \leqslant S \leqslant 1$。

L：原 HSL 颜色模型的 Lightness(亮度) 分量，$0 \leqslant L \leqslant 1$。

返回值：对应的 RGB 颜色。

⑤ HSVtoRGB：用于转换 HSV 颜色为 RGB 颜色。

函数声明：COLORREF HSVtoRGB(float H, float S, float V);

参数如下。

H：原 HSV 颜色模型的 Hue(色相) 分量，0≤H<360。

S：原 HSV 颜色模型的 Saturation(饱和度) 分量，0≤S≤1。

V：原 HSV 颜色模型的 Value(明度) 分量，0≤V≤1。

返回值：对应的 RGB 颜色。

⑥ RGB：用于通过红、绿、蓝颜色分量合成颜色。

函数声明：COLORREF RGB(BYTE byRed, BYTE byGreen, BYTE byBlue);

参数如下。

byRed：颜色的红色部分，取值范围为 0~255。

byGreen：颜色的绿色部分，取值范围为 0~255。

byBlue：颜色的蓝色部分，取值范围为 0~255。

返回值：返回合成的颜色。

⑦ RGBtoGRAY：用于返回与指定颜色对应的灰度值颜色。

函数声明：COLORREF RGBtoGRAY(COLORREF rgb);

参数如下。

Rgb：原 RGB 颜色。

返回值：对应的灰度颜色。

⑧ RGBtoHSL：与⑦相似，略。

⑨ RGBtoHSV：与⑦相似，略。

⑩ BGR，略。

(3) 图形颜色及样式设置相关函数，见表 3-6。

表 3-6 图形颜色及样式设置相关函数

函数或数据	描 述
FILLSTYLE	填充样式对象
getbkcolor	获取当前绘图背景色
getbkmode	获取图案填充和文字输出时的背景模式
getfillcolor	获取当前填充颜色
getfillstyle	获取当前填充样式
getlinecolor	获取当前画线颜色
getlinestyle	获取当前画线样式
getpolyfillmode	获取当前多边形填充模式
getrop2	获取前景的二元光栅操作模式
LINESTYLE	画线样式对象
setbkcolor	设置当前绘图背景色

续表

函数或数据	描述
setbkmode	设置图案填充和文字输出时的背景模式
setfillcolor	设置当前填充颜色
setfillstyle	设置当前填充样式
setlinecolor	设置当前画线颜色
setlinestyle	设置当前画线样式
setpolyfillmode	设置当前多边形填充模式
setrop2	设置前景的二元光栅操作模式

(4) 图形绘制相关函数，见表 3-7。

表 3-7　图形绘制相关函数

函数或数据	描述
arc	画椭圆弧
circle	画圆
clearcircle	清空圆形区域
clearellipse	清空椭圆区域
clearpie	清空椭圆扇形区域
clearpolygon	清空多边形区域
clearrectangle	清空矩形区域
clearroundrect	清空圆角矩形区域
ellipse	画椭圆
fillcircle	画填充圆(有边框)
fillellipse	画填充椭圆(有边框)
fillpie	画填充椭圆扇形(有边框)
fillpolygon	画填充多边形(有边框)
fillrectangle	画填充矩形(有边框)
fillroundrect	画填充圆角矩形(有边框)
floodfill	填充区域
getheight	获取绘图区的高度
getpixel	获取点的颜色

续表

函数或数据	描述
getwidth	获取绘图区的宽度
getx	获取当前 x 坐标
gety	获取当前 y 坐标
line	画线
linerel	画线
lineto	画线
moverel	移动当前点
moveto	移动当前点
pie	画椭圆扇形
polyline	画多条连续的线
polygon	画多边形
putpixel	画点
rectangle	画空心矩形
roundrect	画空心圆角矩形
solidcircle	画填充圆(无边框)
solidellipse	画填充椭圆(无边框)
solidpie	画填充椭圆扇形(无边框)
solidpolygon	画填充多边形(无边框)
solidrectangle	画填充矩形(无边框)
solidroundrect	画填充圆角矩形(无边框)

部分重点图形绘制函数详解如下。

① circle：用于画圆。

函数声明：void circle(int x, int y, int radius);

参数如下。

x：圆的圆心 x 坐标。

y：圆的圆心 y 坐标。

radius：圆的半径。

返回值：(无)。

② fillcircle：用于画填充圆(有边框)。

函数声明：void fillcircle(int x, int y, int radius);

参数：同上。

返回值：(无)。

说明：该函数使用当前线形和当前填充样式绘制有外框的填充圆。

③ solidcircle：用于画填充圆(无边框)。

函数声明：void solidcircle(int x, int y, int radius);

参数：同上。

④ moveto：用于移动当前点。有些绘图操作会从"当前点"开始，这个函数可以设置该点。还可以用 moverel 设置当前点。

函数声明：void moveto(int x, int y);

参数如下。

x：新的当前点 x 坐标。

y：新的当前点 y 坐标。

返回值：(无)。

⑤ ellipse：用于画椭圆。

函数声明：void ellipse(int left, int top, int right, int bottom);

参数如下。

left：椭圆外切矩形的左上角 x 坐标。

top：椭圆外切矩形的左上角 y 坐标。

right：椭圆外切矩形的右下角 x 坐标。

bottom：椭圆外切矩形的右下角 y 坐标。

返回值：(无)。

说明：该函数使用当前线条样式绘制椭圆。由于屏幕像素点坐标是整数，因此用圆心和半径描述的椭圆无法处理直径为偶数的情况。而该函数的参数采用外切矩形来描述椭圆，可以解决这个问题。当外切矩形为正方形时，可以绘制圆。

⑥ line：用于画线。还可以用 linerel 和 lineto 画线。

函数声明：void line(int x1, int y1, int x2, int y2);

参数如下。

x1：线的起始点的 x 坐标。

y1：线的起始点的 y 坐标。

x2：线的终止点的 x 坐标。

y2：线的终止点的 y 坐标。

返回值：(无)。

其他函数略。

(5) 文字输出相关函数，见表 3-8。

表 3-8 文字输出相关函数

序 号	函数或数据	描 述
①	gettextcolor	获取当前字体颜色
②	gettextstyle	获取当前字体样式
③	LOGFONT	保存字体样式的结构体
④	outtext	在当前位置输出字符串
⑤	outtextxy	在指定位置输出字符串
⑥	drawtext	在指定区域内以指定格式输出字符串
⑦	settextcolor	设置当前字体颜色
⑧	settextstyle	设置当前字体样式
⑨	textheight	获取字符串实际占用的像素高度
⑩	textwidth	获取字符串实际占用的像素宽度

文字输出函数详解如下。

① gettextcolor：用于获取当前文字颜色。

函数声明：COLORREF gettextcolor();

参数：(无)。

返回值：返回当前的文字颜色。

② gettextstyle：用于获取当前字体样式。

函数声明：void gettextstyle(LOGFONT *font);

参数如下。

font：指向 LOGFONT 结构体的指针。

返回值：(无)。

③ LOGFONT：这个结构体定义了字体的属性。

结构体声明：

struct LOGFONT
  {   LONG lfHeight;
     LONG lfWidth;
     LONG lfEscapement;
     LONG lfOrientation;
     LONG lfWeight;
     BYTE lfItalic;
     BYTE lfUnderline;
     BYTE lfStrikeOut;

BYTE lfCharSet;
　　BYTE lfOutPrecision;
　　BYTE lfClipPrecision;
　　BYTE lfQuality;
　　BYTE lfPitchAndFamily;
　　TCHAR lfFaceName[LF_FACESIZE];
};
成员如下。

lfHeight：指定高度(逻辑单位)。

lfWidth：指定字符的平均宽度(逻辑单位)。如果为 0，则比例自适应。

lfEscapement：字符串的书写角度，单位为 0.1°，默认为 0。

lfOrientation：每个字符的书写角度，单位 0.1°，默认为 0。

lfWeight：字符的笔画粗细，范围为 0~1000，0 表示默认粗细，使用数字或定义的宏均可。

lfItalic：指定字体是否斜体。

lfUnderline：指定字体是否有下划线。

lfStrikeOut：指定字体是否有删除线。

lfCharSet：指定字符集。

lfOutPrecision：指定文字的输出精度。输出精度定义输出与所请求的字体高度、宽度、字符方向、行距、间距和字体类型相匹配必须达到的匹配程度。

lfClipPrecision：指定文字的剪辑精度。剪辑精度定义如何剪辑位于剪辑区域之外的字符。

lfQuality：指定文字的输出质量。输出质量定义图形设备界面 (GDI) 必须尝试将逻辑字体属性与实际物理字体的字体属性进行匹配的仔细程度。

lfPitchAndFamily：指定以常规方式描述字体的字体系列。字体系列描述大致的字体外观。字体系列用于在所需精确字体不可用时指定字体。

lfFaceName：字体名称，名称不得超过 31 个字符。如果是空字符串，系统将使用第一个满足其他属性的字体。

④ outtext：用于在当前位置输出字符串。

函数声明：

void outtext(LPCTSTR str);

void outtext(TCHAR c);

参数如下。

str：待输出的字符串的指针。

c：待输出的字符。

返回值：(无)。

⑤ outtextxy：与④类似，省略。

⑥ drawtext：用于在指定区域内以指定格式输出字符串。

函数声明：

int drawtext(LPCTSTR str, RECT* pRect, UINT uFormat);

int drawtext(TCHAR c, RECT* pRect, UINT uFormat);

参数如下。

str：待输出的字符串。

pRect：指定的矩形区域的指针。某些 uFormat 标志会使用这个矩形区域做返回值。

uFormat：指定格式化输出文字的方法。

c：待输出的字符。

返回值：函数执行成功时，返回文字的高度。如果指定了 DT_VCENTER 或 DT_BOTTOM 标志，返回值表示从 pRect->top 到输出文字的底部的偏移量。如果函数执行失败，返回 0。

⑦ settextcolor：用于设置当前文字颜色。

函数声明：void settextcolor(COLORREF color);

参数如下。

color：要设置的文字颜色。

返回值：(无)。

⑧ settextstyle：与⑦类似，省略。

⑨ textheight：用于获取字符串实际占用的像素高度。

函数声明：

int textheight(LPCTSTR str);

int textheight(TCHAR c);

参数如下。

str：指定的字符串指针。

c：指定的字符。

返回值：该字符串实际占用的像素高度。

⑩ textwidth：与⑨类似，省略。

(6) 图像处理相关函数，见表 3-9。

表 3-9 图像处理相关函数

序 号	函数或数据	描 述
①	IMAGE	保存图像的对象
②	loadimage	读取图片文件
③	saveimage	保存绘图内容至图片文件
④	getimage	从当前绘图设备中获取图像
⑤	putimage	在当前绘图设备上绘制指定图像
⑥	GetWorkingImage	获取指向当前绘图设备的指针
⑦	rotateimage	旋转 IMAGE 中的绘图内容

第三部分 课程设计

续表

序 号	函数或数据	描 述
⑧	SetWorkingImage	设定当前绘图设备
⑨	Resize	调整指定绘图设备的尺寸
⑩	GetImageBuffer	获取绘图设备的显存指针
⑪	GetImageHDC	获取绘图设备句柄

图像处理函数详解如下。

① IMAGE：图像对象。

对象声明：class IMAGE(int width = 0, int height = 0);

方法：

int getwidth(); 返回 IMAGE 对象的宽度，以像素为单位。

int getheight(); 返回 IMAGE 对象的高度，以像素为单位。

= 实现 IMAGE 对象的直接赋值。该操作仅复制源图像的内容，不复制源图像的绘图环境。

示例：

以下局部代码创建 img1、img2 两个对象，之后加载图片 test.jpg 到 img1，并通过赋值操作将 img1 的内容复制到 img2：

```
IMAGE img1, img2;
loadimage(&img1, _T("test.jpg"));
img2 = img1;
```

以下局部代码创建 img 对象，之后加载图片 test.jpg，并将图片的宽、高赋值给变量 w、h：

```
IMAGE img;
loadimage(&img, _T("test.jpg"));
int w, h;
w = img.getwidth();
h = img.getheight();
```

注意：Visual C++定义字符串的时候，用_T来保证兼容性，VC 支持 ASCII 和 Unicode 两种字符类型，用_T可以保证从 ASCII 编码类型转换到 Unicode 编码类型的时候，程序不需要修改。

② loadimage：用于从文件中读取图像。

```
// 从图片文件获取图像(bmp/jpg/gif/emf/wmf/ico)
void loadimage(
    IMAGE* pDstImg,           // 保存图像的 IMAGE 对象指针
    LPCTSTR pImgFile,         // 图片文件名
    int nWidth = 0,           // 图片的拉伸宽度
    int nHeight = 0,          // 图片的拉伸高度
```

```
        bool bResize = false    // 是否调整 IMAGE 的大小以适应图片
);
// 从资源文件获取图像(bmp/jpg/gif/emf/wmf/ico)
void loadimage(
    IMAGE* pDstImg,             // 保存图像的 IMAGE 对象指针
    LPCTSTR pResType,           // 资源类型
    LPCTSTR pResName,           // 资源名称
    int nWidth = 0,             // 图片的拉伸宽度
    int nHeight = 0,            // 图片的拉伸高度
    bool bResize = false        // 是否调整 IMAGE 的大小以适应图片
);
```

参数如下。

pDstImg：保存图像的 IMAGE 对象指针。如果为 NULL，表示图片将读取至绘图窗口。

pImgFile：图片文件名。支持 bmp / jpg / gif / emf / wmf / ico 类型的图片。gif 类型的图片仅加载第一帧，不支持透明。

nWidth：图片的拉伸宽度。加载图片后，会拉伸至该宽度。如果为 0，表示使用原图的宽度。

nHeight：图片的拉伸高度。加载图片后，会拉伸至该高度。如果为 0，表示使用原图的高度。

bResize：是否调整 IMAGE 的大小以适应图片。

pResType：图片资源类型。

pResName：图片资源名称。

返回值：(无)。

③ saveimage：用于保存绘图内容至图片文件。

函数声明：void saveimage(LPCTSTR strFileName, IMAGE* pImg = NULL);

参数如下。

strFileName：指定文件名。pImg 指向的图片将保存到该文件中，图片以 BMP 格式保存，已存在的文件将被覆盖。

pImg：指向 IMAGE 对象的指针。如果为 NULL，表示绘图窗口。

返回值：(无)。

示例：

以下代码保存绘图窗口的内容为 "D:\\test.bmp"：

```
#include <graphics.h>
#include <conio.h>
void main()
{   // 绘图环境初始化
    initgraph(640, 480);
    // 绘制图像
    outtextxy(100, 100, "Hello World!");
    // 保存绘制的图像
```

```
    saveimage("D:\\test.bmp");
    // 按任意键退出
    getch();
    closegraph();
}
```

程序运行结果如图 3.2 所示。

图 3.2　运行结果

④ getimage：用于从当前绘图设备中获取图像。

函数声明：void getimage(IMAGE* pDstImg, int srcX, int srcY, int srcWidth, int srcHeight);
参数如下。

pDstImg：保存图像的 IMAGE 对象指针。

srcX：要获取图像区域的左上角 x 坐标。

srcY：要获取图像区域的左上角 y 坐标。

srcWidth：要获取图像区域的宽度。

srcHeight：要获取图像区域的高度。

返回值：(无)。

⑤ putimage：与④相似，略。

⑥ GetWorkingImage：用于获取当前的绘图设备。

函数声明：IMAGE* GetWorkingImage();

参数：(无)。

返回值：返回指向当前绘图设备的指针。如果返回值为 NULL，表示当前绘图设备为绘图窗口。

⑦ rotateimage：用于旋转 IMAGE 中的绘图内容。

函数声明：void rotateimage(IMAGE *dstimg, IMAGE *srcimg, double radian, COLORREF bkcolor = BLACK, bool autosize = false, bool highquality = true);
参数如下。
dstimg：指定目标 IMAGE 对象指针，用来保存旋转后的图像。
srcimg：指定原 IMAGE 对象指针。
radian：指定旋转的弧度。
bkcolor：指定旋转后产生的空白区域的颜色。默认为黑色。
autosize：指定目标 IMAGE 对象是否自动调整尺寸以完全容纳旋转后的图像。默认为 false。
highquality：指定是否采用高质量的旋转。在追求性能的场合应使用低质量旋转。默认为 true。
返回值：(无)。

⑧ SetWorkingImage：用于设定当前的绘图设备。
函数声明：void SetWorkingImage(IMAGE* pImg = NULL);
参数如下。
pImg：绘图设备指针。如果为 NULL，表示绘图设备为默认绘图窗口。
返回值：(无)。
说明：如果需要对某个 IMAGE 做绘图操作，可以通过该函数将其设置为当前的绘图设备，之后所有的绘图语句都会绘制在该 IMAGE 上面。将参数置为 NULL 可恢复对默认绘图窗口的绘图操作。
示例：

```
#include <graphics.h>
#include <conio.h>
void main()
{   // 初始化绘图窗口
    initgraph(640, 480);
    // 创建 200×200 的 img 对象
    IMAGE img(200, 200);
    // 设置绘图目标为 img 对象
    SetWorkingImage(&img);
    // 以下绘图操作都会绘制在 img 对象上面
    line(0, 100, 200, 100);
    line(100, 0, 100, 200);
    circle(100, 100, 50);
    // 设置绘图目标为绘图窗口
    SetWorkingImage();
    // 将 img 对象显示在绘图窗口中
    putimage(220, 140, &img);
    // 按任意键退出
    getch();
    closegraph();
}
```

程序运行结果如图 3.3 所示。

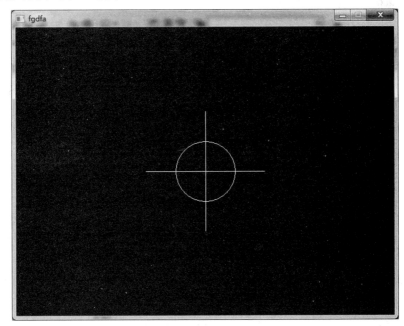

图 3.3　运行结果

⑨ Resize：用于调整指定绘图设备的尺寸。
函数声明：void Resize(IMAGE* pImg, int width, int height);
参数如下。
pImg：指定要调整尺寸的绘图设备。如果为 NULL，则表示默认绘图窗口。
width：指定绘图设备的宽度。
height：指定绘图设备的高度。
返回值：(无)。
⑩和⑪略。

(7) 鼠标处理相关函数，见表 3-10。

鼠标消息缓冲区可以缓冲 63 个未处理的鼠标消息。每一次 GetMouseMsg 将从鼠标消息缓冲区取出一个最早发生的消息。鼠标消息缓冲区满了以后，不再接收任何鼠标消息。

表 3-10　鼠标处理相关函数

函数或数据	描述
FlushMouseMsgBuffer	清空鼠标消息缓冲区
GetMouseMsg	获取一个鼠标消息，如果当前鼠标消息队列中没有，就一直等待
MouseHit	检测当前是否有鼠标消息
MOUSEMSG	保存鼠标消息的结构体

(8) 其他函数，见 3-11。

表 3-11 其他函数

函数或数据	描 述
BeginBatchDraw	开始批量绘图
EndBatchDraw	结束批量绘制，并执行未完成的绘制任务
FlushBatchDraw	执行未完成的绘制任务
GetEasyXVer	获取当前 EasyX 库的版本信息
GetHWnd	获取绘图窗口句柄
InputBox	以对话框形式获取用户输入

(9) graphics.h 新增函数，见表 3-12。

graphics.h 头文件实现了和 Borland BGI 库的兼容。graphics.h 在 easyx.h 的基础上，提供了与 Borland BGI 相似的函数接口。换句话说，程序中只需要引用 graphics.h 头文件，即可使用 easyx.h 和表 3-12 中的所有函数。

表 3-12 graphics.h 新增函数

函数或数据	描 述
bar	用于画填充矩形(无边框)
bar3d	画有边框三维填充矩形
drawpoly	画多边形
fillpoly	画填充多边形(有边框)
getcolor	获取当前绘图前景色
getmaxx	获取绘图窗口的物理坐标中的最大 x 坐标
getmaxy	获取绘图窗口的物理坐标中的最大 y 坐标
initgraph	初始化绘图窗口
setcolor	设置当前绘图前景色
setwritemode	设置前景的二元光栅操作模式

3) 程序示例

(1) 彩虹：绘制一条彩虹。

```
#include <graphics.h>
#include <conio.h>
void main()
{   float H, S, L;
    initgraph(640, 480);
```

```
    // 画渐变的天空(通过亮度逐渐增加)
    H = 190;      // 色相
    S = 1;        // 饱和度
    L = 0.7f;     // 亮度
    for(int y = 0; y < 480; y++)
    {   L += 0.0005f;
        setcolor( HSLtoRGB(H, S, L) );
        line(0, y, 639, y);
    }
    // 画彩虹(通过色相逐渐增加)
    H = 0;
    S = 1;
    L = 0.5f;
    setlinestyle(PS_SOLID, NULL, 2);        // 设置线宽为2
    for(int r = 400; r > 344; r--)
    {   H += 5;
        setcolor( HSLtoRGB(H, S, L) );
        circle(500, 480, r);
    }
    getch();
    closegraph();
}
```

程序运行结果如图 3.4 所示。

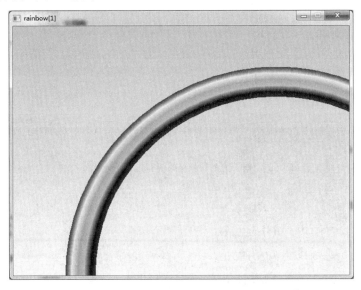

图 3.4 彩虹

(2) 字符阵：随机生成字符，形成字符阵。

```
#include <graphics.h>
#include <time.h>
```

```c
#include <conio.h>
void main()
{   // 设置随机函数种子
    srand((unsigned) time(NULL));
    // 初始化图形模式
    initgraph(640, 480);
    int x, y;
    char c;
    setfont(16, 8, "Courier");  // 设置字体
    while(!kbhit())
    {   for (int i=0; i<479; i++)
        {   setcolor(GREEN);
            for (int j=0; j<3; j++)
            {   x = (rand() % 80) * 8;
                y = (rand() % 20) * 24;
                c = (rand() % 26) + 65;
                outtextxy(x, y, c);
            }
            setcolor(0);
            line(0,i,639,i);
            Sleep(10);
            if (kbhit())
                break;
        }
    }
    // 关闭图形模式
    closegraph();
}
```

程序运行结果如图 3.5 所示。

图 3.5　字符阵

3.4　课程设计样例——简单学生成绩统计

一、课程设计目的

(1) 掌握利用 C 语言进行程序设计的思想和方法。
(2) 理解结构化程序设计的基本原理。
(3) 学会调试一个较长的程序。
(4) 掌握程序设计文档的书写。

二、课程设计要求

(1) 利用结构体数组实现学生成绩的数据结构设计。
(2) 系统的各功能模块要求用函数实现。
(3) 使用文件完成数据的读写操作。
(4) 完成设计任务并书写课程设计报告。

三、系统分析

1. 系统需求

(1) 结构体保存学生的学号、姓名、多门课程成绩等相关信息，调用函数进行信息输入。
(2) 通过菜单选择实现对学生平均成绩和最高分的统计输出。
(3) 输出全部学生的信息。
(4) 将输入的学生成绩保存到文件中。
(5) 退出系统。

2. 总体设计

系统分为如下模块(或函数)。
(1) 学生成绩录入：void inputstud(struct student *stud)。
(2) 学生成绩统计：void countstud(struct student *stud)。
(3) 学生成绩输出：void printstud(struct student *stud)。
(4) 学生成绩保存：void savestud(struct student *stud)。
(5) 退出系统：exit()。

四、详细设计

1. 界面设计

主界面设计如下。

```
                学生成绩统计

             1：成绩录入
             2：成绩统计
             3：成绩输出
             4：成绩保存
             5：退出


          请按序号(1～5)选择：
```

2. 数据结构

```
struct student
{   char num[6];
    char name[10];
    int score[4];
    float avr;
}stud[100];
```

3. 程序代码

```
#include "stdio.h"
#include "stdlib.h"
#include "string.h"
void inputstud(struct student *stud);
void countstud(struct student *stud);
void printstud(struct student *stud);
void savestud(struct student *stud);
struct student
{   char num[6];
    char name[10];
    int score[4];
    float avr;
}stud[100];
int n=0;          /*学生数*/
void main()
{   int x;
    while(1)
    {   system("cls");
        printf("\n");
        printf("\t\t学生成绩统计\n");
        printf("\n");
        printf("\t1：成绩录入\n");
```

```
            printf("\t2: 成绩统计\n");
            printf("\t3: 成绩输出\n");
            printf("\t4: 成绩保存\n");
            printf("\t5: 退出\n");
            printf("\n");
            printf("\t 请按序号(1～5)选择: ");
            scanf("%d",&x);
            switch(x)
            {   case 1:inputstud(stud);break;
                case 2:countstud(stud);break;
                case 3:printstud(stud);break;
                case 4:savestud(stud);break;
                default:exit(0);
            }
      }
}
void inputstud(struct student *stud)      /*数据输入*/
{   int i;
    char ch;
    system("cls");
    while(1)
    {   printf("请输入学号: ");
        scanf("%s",stud[n].num);
        printf("请输入姓名: ");
        scanf("%s",stud[n].name);
        printf("请输入4科学生成绩: ");
        for(i=0;i<4;i++)
            scanf("%d",&stud[n].score[i]);
        printf("是否继续输入数据(y/n): ");
        ch=getchar();
        ch=getchar();
        if(ch=='n'||ch=='N')
            break;
        n++;
    }
    printf("\n\t 数据输入完毕!\n");
}
void countstud(struct student *stud)
{   int i,j,max,maxi,sum;
    float average=0;
    max=maxi=0;
    for(i=0;i<=n;i++)
    {   sum=0;
```

```c
        for(j=0;j<4;j++)
            sum+=stud[i].score[j];
        stud[i].avr=sum/4.0;
        average+=stud[i].avr;
        if(sum>max)
            max=sum,maxi=i;
    }
    average/=++n;
    printf("%d 名学生的总平均成绩是：%f\n",n,average);
    printf("最高分：%d,学号：%s,姓名：%s\n", max,stud[maxi].num,stud[maxi].name);
    printf("请按任意数字键返回主菜单");
    scanf("%d",&i);
}
void printstud(struct student *stud)
{   int i,j;
    system("cls");
    printf("以下是所有学生信息\n");
    for(i=0;i<n;i++)
    {   printf("%10s%16s",stud[i].num,stud[i].name);
        for(j=0;j<4;j++)
            printf("%7d",stud[i].score[j]);
        printf("%8.2f\n",stud[i].avr);
    }
    printf("请按任意数字键返回主菜单");
    scanf("%d",&i);
}
void savestud(struct student *stud)
{   int i;
    FILE *fp;
    fp=fopen("d:\\student.dat","w");
    for(i=0;i<n;i++)
        if(fwrite(&stud[i],sizeof(struct student),1,fp)!=1)
            printf("不能保存文件！\n");
    fclose(fp);
    printf("文件保存完毕！\n");
    printf("请按任意数字键返回主菜单");
    scanf("%d",&i);
}
```

五、测试运行结果(略)

六、课程设计总结(略)

第三部分 课程设计

3.5 课程设计题目

对学过一门程序设计语言的学生来说，用于综合型训练的题目很多，其中有些题目程序量很大，难度一般；另一些题目的程序量虽不大，但难度较大，需要深入分析题目、理解题意，才能选择正确的求解方法。为了使学生的知识和能力都有所提高，本书将课程设计题目分为三类：数据结构类、绘图类和管理类。数据结构类题目要求学生利用课堂所学知识，选择合适的数据结构和设计合理的求解方法，掌握具有一定规模和复杂程度的设计方法、迭代技术、递归技术等；绘图类题目为那些有兴趣、有能力的学生提供了自学的方向，分成平面绘图和动画两部分，启发并指导学生养成良好的学习习惯和编程习惯；管理类题目结合实际应用，旨在提高学生分析问题、解决问题、编程实践、自主创新和团队合作能力。其中部分管理类题目没有给出基本数据和具体要求，希望学生在实习时自行调研、分析，并完成设计。

1. 数据结构类题目

用迭方法：

(1) 用梯形法或辛普森法求解定积分的值。

题目详述：求一个函数 f(x)在[a,b]上的定积分，其几何意义是求 f(x)曲线和直线 x=a，y=0，x=b 所围成的曲边梯形面积。为了近似求出此面积，可将[a,b]区间分成若干个小区间，每个区间的宽度为(b-a)/n，n 为区间个数。近似求出每个小的曲边梯形面积，然后将 n 个小面积加起来，就近似得到总的面积，即定积分的近似值。当 n 越大(即区间分得越小)，近似程度越高。

算法分析：数值积分常用的算法如下。

① 梯形法：用小梯形代替小曲边梯形。

② 辛普森(Simpson)法：在小区间范围内，用一条抛物线代替该区间的 f(x)，将(a,b)区间分成 2n 个小区间。

(2) 二分法求解非线性方程的根。

题目详述：用二分法求解非线性方程 f(x)=0 在指定区间[a，b]内的实根。

算法分析：从端点 x_0=a 开始，以 h 为步长，逐步往后进行搜索。对于每一个子区间[x_i，x_i+h]，如果 f(x_i)=0，那么 x_i 为一个实根，并且从 x_i+h/2 开始往后搜索。如果 f(x_i+1)=0，那么 x_i+1 为一个实根，并且从 x_i+1+h/2 开始往后搜索。如果 f(x_i)f(x_i+1)>0，那么说明当前子区间内无实根，从 x_i+1 开始往后搜索。如果 f(x_i)f(x_i+1)<0，则说明当前子区间内有实根，这时要反复将子区间减半，直到发现一个实根，或者子区间长度划分到了小于预先给定的精度为止。

用递归搜索方法：

(3) 迷宫问题。

题目详述：迷宫用二维数组表示即可，其中 0 表示通路，1 表示不通。如果有通路，要求找到至少一条从入口到出口的简单路径。

算法分析：求解迷宫问题的简单方法是，从入口出发，沿某一方向进行搜索，若能走通，则继续向前走；否则沿原路返回，换一个方向再进行搜索，直到所有可能的通路都搜索到为止，如图 3.6 所示。

入口	0	0	1	1	0	1	Y
1	0	1	1	0	1	1	0
0	1	0	0	1	0	0	1
0	0	1	1	0	1	0	1
0	1	0	0	0	1	1	0
0	1	1	1	1	1	0	1
0	0	1	1	1	0	1	1
Y	1	1	0	0	0	0	0	0

图 3.6 迷宫图例

(4) 八皇后问题。

题目详解：八皇后问题是指求解如何在国际象棋棋盘上无冲突地放置 8 个皇后棋子。因为在国际象棋里，皇后的移动方式是横竖及交叉，所以在任意一个皇后所在位置的水平、竖直和斜 45°线上都不能有其他皇后棋子的存在。一个完整无冲突的八皇后棋子分布成为八皇后问题的一个解，如图 3.7 所示。

算法分析：可用回溯法，逐次试探解决八皇后问题，调用函数在棋盘第一行第一列上放置棋子开始向下一行递归。每一步递归中，首先检测待放位置有没有冲突出现。如果没有冲突即放下棋子并进入下一层递归，否则检测该行的下一个位置。如果一行中都没有可以放的位置，即退回上一层递归。最后如果本次放置成功，并且递归调用深度为 7，即打印输出结果。

图 3.7 八皇后图例

(5) 汉诺塔问题。

题目详解：汉诺塔是根据一个传说形成的一个问题：有 3 根杆子 A、B、C，A 杆上有 $N(N>1)$ 个穿孔圆盘，盘的尺寸由下到上依次变小，如图 3.8 所示。要求按下列规则将所有圆盘移至 C 杆：可将圆盘临时置于 B 杆，也可将从 A 杆移出的圆盘重新移回 A 杆，但都必须遵循上述两条规则。问：如何移？最少要移动多少次？

算法分析：可分为 3 个步骤。第一，把 A 杆上的 $N-1$ 个盘通过 C 杆移动到 B 杆；第二，把 A 杆上的最下面的盘移到 C 杆；第三，因为 $N-1$ 个盘全在 B 杆上了，所以把 B 杆当作 A 杆；重复以上步骤。

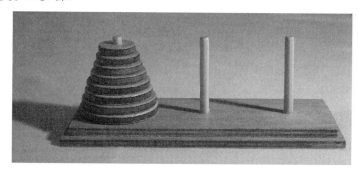

图 3.8 汉诺塔图例

用指针与链表方法：

(6) 约瑟夫环问题。

题目详解：n 个小孩围成一圈，从第一个人开始报数，报到 k 的人退出圈子，下面的人继续从 1 开始报数……直到圈里空无一人为止。

算法分析：这是一个典型的单循环链表问题。先建立链表，接着从第一个结点开始计数，将第 k 个结点删除，然后再从下一个结点开始计数，将第 k 个结点删除……直到链表为空为止。

(7) 一元多项式求和。

题目详解：把任意给定的两个一元多项式 P(x)、Q(x)输入计算机，计算它们的和并输出计算结果。

算法分析：用单链表存储多项式的结构，每个结点存储一项的系数和指数，所以链表的结点结构应该含有 3 个成员：系数、指数和后继的指针。先比较，再求和。

(8) 建立单向链表，实现增、删、改、查等操作。

(9) 建立双向链表，实现增、删、改、查等操作。

(10) 哈夫曼编码问题。

题目详解：哈夫曼编码是根据字符出现的频率对数据进行编码解码，以便于对文件进行压缩的一种方法，目前大部分有效的压缩算法(如 MP3 编码方法)都是基于哈夫曼编码的。

算法分析：首先，定义哈夫曼树叶子结点的结构以及存放哈夫曼编码的结构体，然后初始化叶子结点，接着构造哈夫曼树。构造哈夫曼树的方法如图 3.9 所示。

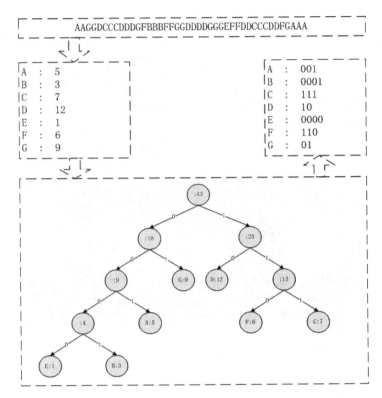

图 3.9 哈夫曼树

2. 绘图类题目

平面图形类：

(1) 曼德布洛特集的绘制。

题目详解：曼德布洛特集是一种在复平面上组成分形的点的集合，以数学家本华·曼德布洛特的名字命名，使用复二次多项式 $Z_{n+1}=Z_n^2+c$ 来进行迭代，如图 3.10 所示。

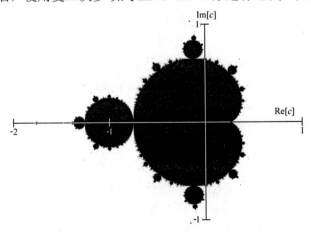

图 3.10 曼德布洛特集

(2) 谢尔宾斯基三角的绘制。

题目详解：谢尔宾斯基三角(Sierpinski Triangle)是一种分形，由波兰数学家谢尔宾斯基在 1915 年提出。它是自相似集的例子。它的豪斯多夫维是 log(3)/log(2) ≈ 1.585，如图 3.11 所示。

图 3.11　谢尔宾斯基三角

(3) 希尔伯特曲线的绘制。

题目详解：希尔伯特曲线是一种能填充满一个平面正方形的分形曲线(空间填充曲线)，由大卫·希尔伯特在 1891 年提出。由于它能填满平面，它的豪斯多夫维是 2。取它填充的正方形的边长为 1，第 n 步的希尔伯特曲线的长度是 2n－2-n，如图 3.12 所示。

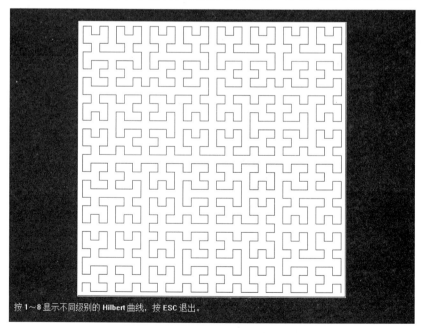

图 3.12　希尔伯特曲线

动画类：

(4) 运行时钟的动画。

题目详解：实现一个时钟的绘制。在图形输出窗口中输出一个简易的时钟，如图 3.13 所示。

图 3.13　简易时钟图例

(5) 模拟弹球的动画。

题目详解：小球从空中落下，弹起，再落下，弹起幅度越来越小，直至停下。

(6) 运动小车的动画。

题目详解：模拟小车，从左至右或从右至左运动，可以加速、匀速、减速。

(7) 火箭发射的动画。

题目详解：模拟火箭从下至上飞行，到空中停止。

(8) 卫星环绕地球的动画。

题目详解：地球的轨道为椭圆形，卫星围绕地球匀速运动，如图 3.14 所示。

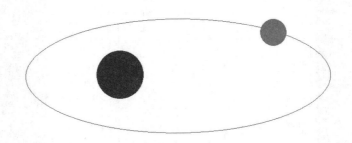

图 3.14　卫星环绕地球图例

(9) 动画地呈现满天星。

题目详解：绘制一个充满星星的夜空。星空绘制程序中，可使用结构体数组实现对星星数据的保存。可用画点函数画出白色的点，并使用随机函数随机产生星星，对结构体中保存的星星进行移动。

(10) 动画地填充图形。

题目详解：绘制一个形状(圆、椭圆、矩形均可)，用线条动态地填充其内部，可以从中心填充，也可从一边填充，如图 3.15 所示。

图 3.15　填充结果

3. 管理类题目

1) 学生信息管理系统

(1) 学生基本信息包括：学号、姓名、性别、出生日期、身份证号(18 位整数)、家庭住址、邮政编码、政治面貌、民族、所在学院、班级编号。

(2) 通过菜单选择实现数据的录入、编辑、删除、查询、统计、保存、打印等功能。

(3) 使用文件完成数据的存取，要求每次运行某个功能模块时，将数据读入结构体中，并给用户提供保存选项，可以将结构体中的数据保存在文件中。

2) 教务信息管理系统

(1) 学生基本信息包括：学号、姓名、班级。学生选课信息包括：课程编号、课程名称、平时成绩、期末成绩、总评成绩、学分、是否重修等。

(2) 通过菜单选择实现：各种基本数据的录入、修改、删除、插入、查询、统计等功能。

(3) 统计模块包括如下功能。

① 统计每个学生各门功课的平均成绩，并按此成绩从高到低排序输出每个学生的各项成绩。

② 统计并输出各门功课的平均成绩和总平均成绩。

③ 统计并输出每个学生已修学分。

④ 统计并输出不及格学生清单(学号、姓名、不及格的课程和成绩)。

3) 图书信息管理系统

(1) 图书基本信息包括：分类号、图书编号、书名、作者、出版日期、ISBN、定价、馆藏数、借阅数等。

(2) 通过菜单选择实现：各种基本数据的录入、修改、插入、删除、查询和统计等功能。

(3) 统计模块包括如下功能。

① 统计馆藏书籍总数、已借出书籍总数、在馆书籍总数。

② 统计馆藏书籍总金额、馆藏书籍的平均价格。

4) 书店销售管理系统

(1) 图书信息包括：书名、出版序列号、编号、出版社、作者、定价、库存量、出版日期等。

(2) 通过菜单选择实现：各种基本数据的录入、修改、删除、查询和统计等功能。

(3) 统计模块包括：库存统计和销售情况统计。

5) 学生公寓管理系统

(1) 公寓信息包括：房间号、面积、楼层数、基本设施、价格、应住人数、实住人数。学生信息包括：学号、姓名、所在学院、年级、入住日期、离开日期、房间号。

(2) 通过菜单选择实现如下功能。

① 入住：将入住学生相关信息添加到上述信息库中。

② 查询：房源信息和入住学生信息。

③ 修改：对公寓信息和学生信息进行修改。

④ 统计：公寓入住情况统计。

6) 房屋中介管理系统

(1) 房屋信息包括：房屋编号、租买情况(出租、求租、出卖、求买)、房主姓名、房屋地址、价格、是否交易。

(2) 通过菜单选择实现：各种基本数据的录入、修改、插入、删除、查询和统计等功能。

(3) 统计模块包括：房屋信息统计和交易情况统计。

7) 票务信息管理系统

8) 餐厅信息管理系统

9) 超市信息管理系统

10) 旅馆信息管理系统

4.1 自测练习第 1 套

一、单项选择题(每题 1 分，共 30 分)

1. C 语言规定，在一个源程序中，main 函数的位置(　　)。
   A．必须在最开始　　　　　　B．必须在系统调用的库函数的后面
   C．可以任意　　　　　　　　D．必须在最后

2. 设有 int x=11;，则表达式(x++ * 1/3)的值是(　　)。
   A．3　　　　B．4　　　　C．11　　　　D．12

3. 设 a 和 b 均为 double 型常量，且 a=5.5，b=2.5，则表达式(int)a+b/b 的值是(　　)。
   A．6.500000　　B．6　　C．5.500000　　D．6.000000

4. sizeof(float)是(　　)。
   A．一个双精度型表达式　　　B．一个整型表达式
   C．一种函数调用　　　　　　D．一个不合法的表达式

5. 下列数据中属于字符串常量的是(　　)。
   A．ABC　　B．"ABC"　　C．'ABC'　　D．'A'

6. 在 C 语言中，char 型数据在内存中的存储形式是(　　)。
   A．补码　　B．反码　　C．原码　　D．ASCII 码

7. 在 C 语言中，合法的字符常量是(　　)。
   A．'\084'　　B．'\x43'　　C．'ab'　　D．"\0"

8. 已知字符'A'的 ASCII 代码值是 65，字符变量 c1 的值是'A'，c2 的值是'D'。执行语句 printf("%d,%d",c1,c2-2);后，输出结果是(　　)。
   A．A,B　　B．A,68　　C．65,66　　D．65,68

9. 已知 i、j、k 为 int 型变量，若从键盘输入：1,2,3<回车>，使 i 的值为 1、j 的值为 2、k 的值为 3，以下选项中正确的输入语句是(　　)。

　　A．scanf("%2d%2d%2d",&i,&j,&k);
　　B．scanf("%d %d %d",&i,&j,&k);
　　C．scanf("%d,%d,%d",&i,&j,&k);
　　D．scanf("i=%d,j=%d,k=%d",&i,&j,&k);

10. printf 函数中用到格式符%5s，其中数字 5 表示输出的字符串占用 5 列，如果字符串长度大于 5，则输出方式是(　　)。

　　A．从左起输出该字符串，右补空格
　　B．按原字符长从左向右全部输出
　　C．右对齐输出该字串，左补空格
　　D．输出错误信息

11. 下列程序段的输出结果为(　　)。

```
int a=7,b=9,t;
t=a*=a>b?a:b;
printf("%d",t);
```

　　A．7　　　　B．9　　　　C．63　　　　D．49

12. 判断 char 型变量 cl 是否为小写字母的正确表达式是(　　)。

　　A．'a'<=cl<='z'　　　　　　　B．(cl>=a)&&(cl<=z)
　　C．('a'>=cl)||('z'<=cl)　　　　D．(cl>='a')&&(cl<='z')

13. 若 x=2，y=3，则 x||y 的结果是(　　)。

　　A．0　　　　B．1　　　　C．2　　　　D．3

14. 设 int m=1,n=2;，则 m++==n 的结果是(　　)。

　　A．0　　　　B．1　　　　C．2　　　　D．3

15. 为了避免嵌套的条件语句 if-else 的二义性，C 语言规定：else 与(　　)配对。

　　A．缩进位置相同的 if　　　　B．其之前最近的 if
　　C．其之后最近的 if　　　　　D．同一行上的 if

16. 有以下程序段

```
int n=0,p;
do
{ scanf("%d",&p);
  n++;
}while(p!=12345&&n<3);
```

此处 do-while 循环的结束条件是(　　)。

　　A．p 的值不等于 12345 并且 n 的值小于 3
　　B．p 的值等于 12345 并且 n 的值大于等于 3
　　C．p 的值不等于 12345 或者 n 的值小于 3
　　D．p 的值等于 12345 或者 n 的值大于等于 3

17. 从循环体内某一层跳出，继续执行循环外的语句是( )。
    A．break 语句   B．return 语句
    C．continue 语句   D．空语句

18. 以下程序段的输出结果为( )。
```
char c[]="abc";
int  i=0;
do ;
while(c[i++]!='\0');
printf("%d",i-1);
```
    A．abc   B．ab   C．2   D．3

19. char a1[]="abc",a2[80]="1234";，将 a1 串连接到 a2 串后面的语句是( )。
    A．strcat(a2,a1);   B．strcpy(a2,a1);
    C．strcat(a1,a2);   D．strcpy(a1,a2);

20. char a[10];，不能将字符串"abc"存储在数组中的是( )。
    A．strcpy(a,"abc");   B．a[0]=0;strcat(a,"abc");
    C．a="abc";   D．int i;for(i=0;i<3;i++)a[i]=i+97;a[i]=0;

21. 若有说明：int a[3][4]={0};，则下面叙述正确的是( )。
    A．只有元素 a[0][0]可得到初值 0
    B．此说明语句不正确
    C．数组 a 中各元素都可得到初值，但其值不一定为 0
    D．数组 a 中每个元素均可得到初值 0

22. C 语言中，函数值类型的定义可以省略，此时函数值的隐含类型是( )。
    A．void   B．int   C．float   D．double

23. 以下程序的输出结果是( )。
```
void fun(int a, int b, int c)
{ a=456;
  b=567;
  c=678;
}
void main()
{ int x=10, y=20, z=30;
  fun(x, y, z);
  printf("%d,%d,%d\n", z, y, x);
}
```
    A．30,20,10   B．10,20,30   C．456567678   D．678567456

24. C 语言规定：简单变量做实参时，它和对应形参之间的数据传递方式是( )。
    A．地址传递
    B．单向值传递
    C．由实参传给形参，再由形参传回给实参
    D．由用户指定

25. 以下程序段的输出结果是(　　)。

```
char *alp[]={"ABC","DEF","GHI"};
int j;
puts(alp[1]);
```

    A. A   B. B   C. D   D. DEF

26. 变量的指针，其含义是指该变量的(　　)。
    A. 值   B. 地址   C. 名   D. 一个标志

27. 设 char *s="\ta\017bc";，则指针变量 s 指向的字符串所占的字节数是(　　)。
    A. 9   B. 5   C. 6   D. 7

28. 在下面语句中，其含义为"p 为指向含 n 个元素的一维数组的指针变量"的是(　　)。
    A. int p[n];   B. int *p();   C. int *p(n);   D. int (*p)[n];

29. 在下列程序段中，枚举变量 c1、c2 的值依次是(　　)。

```
enum color {red,yellow,blue=4,green,white} c1,c2;
c1=yellow;
c2=white;
printf("%d,%d\n",c1,c2);
```

    A. 1、6   B. 2、5   C. 1、4   D. 2、6

30. 为输出数据而打开文本文件 file1，正确的函数调用是(　　)。
    A. fopen("file1 "," r")   B. fopen("file1 "," w")
    C. fopen("file1 "," rb")   D. fopen("file1 ", "wb")

二、填空题(每空 1 分，共 10 分)

1. 若有如下定义：int x=2,y=3,z=4;，则表达式!(x=y)||x+z-y-!z 的值是_____。

2. 若有定义：char c='\010';，则变量 C 中包含的字符个数为_____。

3. 设 a、b、c 为整型数，且 a=2，b=3，c=4，则执行以下语句：a*=16+(b++)-(++c); 后，a 的值是_____。

4. 若有以下程序，运行时输入 i 的值为 10，j 的值为 20，则输出结果是_____。

```
#include <stdio.h>
void main()
{ int i,j;
    scanf("%d%d",&i,&j);
    printf("i=%d,j=%d\n",i++,++j);
}
```

5. 设 a、b、t 为整型变量，初值为 a=7，b=9，执行完语句 t=(a>b)?a:b 后，t 的值是____。

6. 若输入字符串：abcde<回车>，则以下 while 循环体将执行_____次。
    while((ch=getchar())=='e') printf("*");

7. 字符串比较的库函数是_____(只写函数名即可)。

8. 已知 a=13，a<<2 的十进制数值为_____。

9. 下面程序的输出结果是_____。

```
#include <stdio.h>
void main()
{   int i=3,j=2;
    char *a="DCBA";
    printf("%c%c\n",a[i],a[j]);
}
```

10. C 语言中调用_____函数来打开文件。

三、判断题(每题 1 分，共 10 分)

1. 若有 int i=10,j=2;，则执行完 i*=j+8;后 i 的值为 28。( )
2. C 程序总是从程序的第一条语句开始执行。( )
3. 若有 # define S(a,b) a*b，则执行完语句 area=S(3,2);后 area 的值为 6。( )
4. int i=20;switch(i/10){case 2:printf("A");case 1:printf("B");}的输出结果为 A。( )
5. 设有数组定义：char array [ ]="hello";，则数组 array 所占的空间为 5。( )
6. 语句 int a[3][4]={{1},{5},{9}};的作用是将数组各行第一列的元素赋初值，其余元素值为 0。( )
7. 函数调用语句：func(rec1,rec2+rec3,(rec4,rec5));中，含有的实参个数是 5。( )
8. 假设有 int a[10],*p;，则 p=&a[0]与 p=a 等价。( )
9. 共用体变量所占的内存长度等于最长的成员的长度。( )
10. 变量根据其作用域的范围可以分为局部变量和全局变量。( )

四、程序改错题(每题 10 分，共 20 分)

1. 功能：求 100 以内(包括 100)的偶数之和。

```
#include <stdio.h>
void main()
{   /**********FOUND**********/
    int i,sum=1;
    /**********FOUND**********/
    for(i=2;i<=100;i+=1)
        sum+=i;
    /**********FOUND**********/
    printf("Sum=%d \n";sum);
}
```

2. 功能：八进制转换为十进制。

```
#include <stdio.h>
void main()
{   /**********FOUND**********/
    char p,s[6];
```

```
    int n;
    p=s;
    gets(p);
/**********FOUND**********/
    n==0;
/**********FOUND**********/
    while(*(p)=='\0')
    {  n=n*8+*p-'0';
       p++;
    }
    printf("%d",n);
}
```

五、程序填空题(每题 10 分，共 20 分)

1. 功能：计算一元二次方程的根。

```
#include <stdio.h>
/***********SPACE***********/
#include 【?】
void main()
{  double x1,x2,imagpart;
   float a,b,c,disc,realpart;
   scanf("%f%f%f",&a,&b,&c);
   printf("the equation");
/***********SPACE***********/
   if(【?】<=1e-6)
       printf("is not quadratic\n");
   else
       disc=b*b-4*a*c;
   if(fabs(disc)<=1e-6)
       printf("has two equal roots:%-8.4f\n",-b/(2*a));
/***********SPACE***********/
   else if(【?】)
   {  x1=(-b+sqrt(disc))/(2*a);
      x2=(-b-sqrt(disc))/(2*a);
      printf("has distinct real roots:%8.4f and %.4f\n",x1,x2);
   }
   else
   {  realpart=-b/(2*a);
      imagpart=sqrt(-disc)/(2*a);
      printf("has complex roots:\n");
      printf("%8.4f=%.4fi\n",realpart,imagpart);
      printf("%8.4f-%.4fi\n",realpart,imagpart);
   }
}
```

2. 功能：数组名作为函数参数，求平均成绩。

```c
#include <stdio.h>
float aver(float a[ ])              /*定义求平均值函数，形参为一浮点型数组名*/
{   int i;
    float av,s=a[0];
    for(i=1;i<5;i++)
        /**********SPACE**********/
        s+=【?】[i];
    av=s/5;
    /**********SPACE**********/
    return 【?】;
}
void main()
{   float sco[5],av;
    int i;
    printf("\ninput 5 scores:\n");
    for(i=0;i<5;i++)
        /**********SPACE**********/
        scanf("%f",【?】);
    /**********SPACE**********/
    av=aver(【?】);
    printf("average score is %5.2f\n",av);
}
```

六、程序设计题(每题10分，共10分)

功能：编写函数用冒泡排序法对数组中的数据进行从小到大的排序。

```c
#include <stdlib.h>
#include <stdio.h>
#include <time.h>
void wwjt();
void sort(int a[],int n)
{   /**********Program**********/



    /********** End **********/
}
void main()
{   int a[16],i;
    srand(time(0));
```

```
    for(i=0;i<16;i++)
       a[i]= rand()%30+15;
    for(i=0;i<16;i++)
       printf("%3d",a[i]);
    printf("\n--------------------\n");
    sort(a,16);
    for(i=0;i<16;i++)
       printf("%3d",a[i]);
    wwjt();
}
void wwjt()
{   FILE *IN,*OUT;
    int n;
    int i[10];
    IN=fopen("in.dat","r");
    if(IN==NULL)
    {   printf("Read FILE Error");
    }
    OUT=fopen("out.dat","w");
    if(OUT==NULL)
    {   printf("Write FILE Error");
    }
    for(n=0;n<10;n++)
    {   fscanf(IN,"%d",&i[n]);
    }
    sort(i,10);
    for(n=0;n<10;n++)
       fprintf(OUT,"%d\n",i[n]);
    fclose(IN);
    fclose(OUT);
}
```

4.2 自测练习第 2 套

一、单项选择题(每题 1 分，共 30 分)

1. C 语言源程序文件经过 C 编译程序编译连接之后生成一个后缀为(　　)的可执行文件。

　　A．.c　　　　　　B．.obj　　　　　　C．.exe　　　　　　D．.bas

2. 先用语句定义字符型变量 c，然后要将字符 a 赋给 c，则下列语句中正确的是(　　)。

　　A．c='a';　　　　B．c="a";　　　　C．c="97";　　　　D．C='97';

3. 以下数据中，不正确的数值或字符常量是(　　)。
   A．8.9e1.2　　　　B．10　　　　　C．0xff00　　　　D．82.5
4. 经下列语句定义后，sizeof(x)、sizeof(y)、sizeof(a)、sizeof(b)在微机上的值分别为(　　)。

```
char    x=65;
float   y=7.3;
int     a=100;
double  b=4.5;
```

   A．2、2、2、4　　　　　　　　　B．1、2、2、4
   C．1、4、4、8　　　　　　　　　D．2、4、2、8
5. 设 a 为整型变量，初值为 12，执行完语句 a+=a-=a*a 后，a 的值是(　　)。
   A．5524　　　　B．144　　　　C．264　　　　D．-264
6. C 语言中的标识符只能由字母、数字和下划线 3 种字符组成，且第一个字符(　　)。
   A．必须为字母　　　　　　　　　B．必须为下划线
   C．必须为字母或下划线　　　　　D．可以是字母、数字和下划线中任一字符
7. 设 a、b 和 c 都是 int 型变量，且 a=3、b=4、c=5，其值为 0 的表达式为(　　)。
   A．'a'&&'b'　　　　　　　　　　B．a<=b
   C．a ‖ b + c && b-c　　　　　　D．! (a-b && (!c ‖ 2))
8. 若有以下程序

```
void main()
{ int k=2,i=2,m;
  m=(k+=i*=k);
  printf("%d,%d\n",m,i);
}
```

执行后的输出结果是(　　)。
   A．8,6　　　　B．8,3　　　　C．6,4　　　　D．7,4
9. 下列程序段的输出结果为(　　)。

```
float k=0.8567;
printf("%06.1f%%",k*100);
```

   A．0085.6%%　　B．0085.7%　　C．0085.6%　　D．.857
10. 以下程序段的执行结果是(　　)。

```
double x;
x=218.82631;
printf("%-6.2e\n",x);
```

   A．输出格式描述符的域宽不够，不能输出
   B．输出为 21.38e+01
   C．输出为 2.19e+002

D．输出为-2.14e2f

11．C语言的switch语句中case后(　　)。

　　A．只能为常量

　　B．只能为常量或常量表达式

　　C．可为常量或表达式或有确定值的变量及表达式

　　D．可为任何量或表达式

12．若有条件表达式 (exp)?a++:b--，则以下表达式中能完全等价于表达式(exp)的是(　　)。

　　A．(exp==0)　　B．(exp!=0)　　C．(exp==1)　　D．(exp!=1)

13．下列程序的输出结果是(　　)。

```
void main()
{ int  x=1,y=0,a=0,b=0;
  switch(x)
  { case 1:switch(y)
           { case 0:a++;break;
             case 1:b++;break;
           }
    case 2:a++;b++;break;
    case 3:a++;b++;break;
  }
  printf("a=%d,b=%d\n",a,b);
}
```

　　A．a=1,b=0　　B．a=2,b=1　　C．a=1,b=1　　D．a=2,b=2

14．C语言的if语句中，用作判断的表达式为(　　)。

　　A．任意表达式　　B．逻辑表达式　　C．关系表达式　　D．算术表达式

15．for循环for(x=0,y=0;(y=123)&&(x<4);x++);的执行次数是(　　)。

　　A．无限循环　　B．不定　　C．4次　　D．3次

16．以下程序的执行结果是(　　)。

```
void main()
{ int  num = 0;
  while( num <= 2 )
  { num++;
    printf( "%d,",num );
  }
}
```

　　A．0,1,2　　B．1,2,　　C．1,2,3,　　D．1,2,3,4,

17．下列程序的输出为(　　)。

```
void main()
{ int  y=10;
  while(y--);
```

```
    printf("y=%d\n",y);
}
```
   A．y=0　　　　　　　　　　B．while 构成无限循环
   C．y=1　　　　　　　　　　D．y=-1

18．若二维数组 a 有 m 列，则在 a[i][j]前的元素个数为(　　)。
   A．j*m+i　　B．i*m+j　　C．i*m+j-1　　D．i*m+j+1

19．若有以下的定义：int t[3][2];，能正确表示 t 数组元素地址的表达式是(　　)。
   A．&t[3][2]　　B．t[3]　　C．&t[1]　　D．t[2]

20．函数调用：strcat(strcpy(str1,str2),str3)的功能是(　　)。
   A．将字符串 str1 复制到字符串 str2 中后再连接到字符串 str3 之后
   B．将字符串 str1 连接到字符串 str2 之后再复制到字符串 str3 之后
   C．将字符串 str2 连接到字符串 str1 之后再将字符串 str1 复制到字符串 str3 中
   D．将字符串 str2 复制到字符串 str1 中后再将字符串 str3 连接到字符串 str1 之后

21．若 char a[10];已正确定义，以下语句中不能从键盘上给 a 数组的所有元素输入值的语句是(　　)。
   A．gets(a);　　　　　　　　B．scanf("%s",a);
   C．for(i=0;i<10;i++)a[i]=getchar();　　D．a=getchar();

22．求平方根函数的函数名为(　　)。
   A．cos　　B．abs　　C．pow　　D．sqrt

23．执行下面程序后，输出结果是(　　)。
```
    include <stdion>
void main()
        im int max(intx,inty);
{   int a=45,b=27,c=0;
    c=max(a,b);
    printf("%d\n",c);
}
int  max(intx,inty)
{   int z;
    if(x>y)
       z=x;
    else
       z=y;
    return(z);
}
```
   A．45　　　　B．27　　　　C．18　　　　D．72

24．在 C 语言的函数调用过程中，如果函数 funA 调用了函数 funB，函数 funB 又调用了函数 funA，则(　　)。
   A．称为函数的直接递归　　　　B．称为函数的间接递归
   C．称为函数的递归定义　　　　D．C 语言中不允许这样的递归形式

25．设有定义：int n=0,*p=&n,**q=&p;，则以下选项中，正确的赋值语句是(　　)。
　　A．p=1;　　　　B．*q=2;　　　　C．q=p;　　　　D．*p=5;
26．若有下列定义，则对 a 数组元素地址的正确引用是(　　)。

```
int a[5],*p=a;
```

　　A．&a[5]　　　B．p+2　　　　C．a++　　　　D．&a
27．若有 double *p,x[10];int i=5;，使指针变量 p 指向元素 x[5]的语句为(　　)。
　　A．p=&x[i];　　B．p=x;　　　　C．p=x[i];　　　D．p=&(x+i)
28．下面程序的运行结果是(　　)。

```
#include <stdio.h>
#include <string.h>
void main()
{ char * a="AbcdEf",* b="aBcD";
  a++;
  b++;
  printf("%d\n",strcmp(a,b));
}
```

　　A．0　　　　　B．负数　　　　C．正数　　　　D．无确定值
29．设有如下定义，则以下表达式中，值不为 'b' 的是(　　)。

```
struct
{ char n, m[10];
}ss[2]={'a', "abc", 'b', "bcd"};
```

　　A．ss[0].m[1]　　B．ss[0].n　　　C．ss[1].m[0]　　D．ss[1].n
30．若要用 fopen 函数打开一个新的二进制文件，该文件要既能读也能写，则文件方式字符串应是(　　)。
　　A．"ab++"　　　B．"wb+"　　　C．"rb+"　　　D．"ab"

二、填空题(每空 1 分，共 10 分)

1．int x=2,y=3,z=4;，则表达式!x+y>z 的值为＿＿＿＿。
2．int x; x=3*4%-5/6;，则 x 的值为＿＿＿＿。
3．设(k=a=5,b=3,a*b)，则 k 的值为＿＿＿＿。
4．以下程序的输出结果为＿＿＿＿。

```
#include "stdio.h"
void main()
{ int a=010,j=10;
  printf("%d,%d\n",++a,j--);
}
```

5．假设所有变量都为整型，表达式(a=2,b=5,a>b?a++:b++,a+b)的值是＿＿＿＿。

6. 语句 int a=-1;printf("%x",a); 输出的结果是_____。

7. 以下程序段要求从键盘输入字符, 当输入字母为'Y' 时, 执行循环体, 则横线中应填写_____。

```
ch=getchar();
while(ch ____ 'Y')    /*在横线中填写*/
     ch=getchar();
```

8. 若有以下定义和语句, 则输出结果是_____。

```
char s[12]="a book!";
printf("%d\n",strlen(s));
```

9. 设有以下定义和语句:

```
int a[3][2]={10,20,30,40,50,60},(*p)[2];
p=a;
```

则*(*(p+2)+1)的值是_____。

10. 已知 a=13,b=6, a>>2 的十进制数值为_____。

三、判断题(每题 1 分, 共 10 分)

1. 若 i =3, 则 printf("%d",-i++);输出的值为-4。(   )
2. 语句 scanf("%7.2f",&a);是一个合法的 scanf 函数。(   )
3. 若 a=3,b=2,c=1, 则关系表达式"(a>b)==c" 的值为"真"。(   )
4. 若有 int i=10,j=0;, 则执行完语句 if (j=0) i ++; else i - -; 后, i 的值为 11。(   )
5. 若有定义和语句:

```
int a[3][3]={{3,5},{8,9},{12,35}},i,sum=0;
for(i=0;i<3;i++)
sum+=a[i][2-i];
```

则 sum=21。(   )

6. C 语言中只能逐个引用数组元素而不能一次引用整个数组。(   )
7. 如果函数值的类型和 return 语句中表达式的值不一致, 则以函数类型为准。(   )
8. char *p="girl";的含义是定义字符型指针变量 p, p 的值是字符串"girl"。(   )
9. 在 C 语言中, 此定义和语句是合法的: enum aa{ a=5,b,c}bb;bb=(enum aa)5;。(   )
10. C 程序中有调用关系的所有函数必须放在同一个源程序文件中。(   )

四、程序改错题(每题 10 分, 共 20 分)

1. 功能: 有一个数组存放了 10 个整数, 要求找出最小数和它的下标, 然后把它和数组中最前面的元素, 即第一个数对换位置。

```
#include <stdio.h>
void main()
{ int i,a[10],min,k=0;
```

```
    printf("\n please input array 10 elements\n");
    for(i=0;i<10;i++)
       /**********FOUND**********/
       scanf("%d", a[i]);
    for(i=0;i<10;i++)
       printf("%d",a[i]);
    min=a[0];
    /**********FOUND**********/
    for(i=3;i<10;i++)
       /**********FOUND**********/
       if(a[i]>min)
        { min=a[i];
          k=i;
        }
    /**********FOUND**********/
    a[k]=a[i];
    a[0]=min;
    printf("\n after eschange:\n");
    for(i=0;i<10;i++)
       printf("%d",a[i]);
    printf("\nk=%d\nmin=%d\n",k,min);
}
```

2. 功能：用选择法对数组中的 n 个元素按从小到大的顺序进行排序。

```
#include <stdio.h>
#define N 20
void fun(int a[], int n)
{  int i,j,t,p;
   for(j=0;j<n-1;j++)
   {  /**********FOUND**********/
      p=j
      for(i=j;i<n;i++)
         /**********FOUND**********/
         if(a[i]>a[p])
            /**********FOUND**********/
            p=j;
      t=a[p] ;
      a[p]=a[j] ;
      a[j]=t;
   }
}
void main()
{  int a[N]={9,6,8,3,-1},i,m=5;
   printf("排序前的数据:") ;
   for(i=0;i<m;i++)
```

```
        printf("%d ",a[i]);
    printf("\n");
    fun(a,m);
    printf("排序后的数据:")  ;
    for(i=0;i<m;i++)
        printf("%d ",a[i]);
    printf("\n");
}
```

五、程序填空题(每题 10 分，共 20 分)

1. 功能：打印如下形式的图形。
   *
   **
   ***
   ****

```
#include "stdio.h"
void main()
{   int i,j;
    for(i=1;i<=4;i++)
    /***********SPACE***********/
    {   for(j=1; 【?】 ;j++)
            printf("*");
    /***********SPACE***********/
        printf( 【?】 );
    }
}
```

2. 功能：删除一个字符串中的所有数字字符。

```
#include <stdio.h>
void delnum(char *s)
{   int i,j;
    /***********SPACE***********/
    for(i=0,j=0; 【?】 '\0' ;i++)
        /***********SPACE***********/
        if(s[i]<'0' 【?】 s[i]>'9')
        {   /***********SPACE***********/
            【?】 ;
            j++;
        }
    s[j]='\0';
}
void main()
{   char item[80];
```

```
    printf("\n input a string:\n");
    gets(item);
    /***********SPACE***********/
    【?】;
    printf("\n%s",item);
}
```

六、程序设计题(每题 10 分，共 10 分)

功能：编写函数 fun 求 1!+2!+3!+ … +n!的和，在 main 函数中由键盘输入 n 值，并输出运算结果。例如，若 n 的值为 5，则结果为 153。

```
#include <stdio.h>
long int  fun(int n)
{   /**********Program**********/



    /********** End **********/
}
void main()
{   int n;
    long int result;
    scanf("%d",&n);
    result=fun(n);
    printf("%ld\n",result);
}
```

4.3 自测练习第 3 套

一、单项选择题(每题 1 分，共 30 分)

1. 一个 C 语言程序由(   )。
   A．一个主程序和若干子程序组成   B．函数组成
   C．若干过程组成   D．若干子程序组成

2. 以下标识符中，不能作为合法的 C 用户定义标识符的是(   )。
   A．a3_b3   B．void   C．_123   D．IF

3. 若 int a=2，则执行完表达式 a-=a+=a*a 后，a 的值是(   )。
   A．-8   B．-4   C．-2   D．0

4. 以下数值中，不正确的八进制数或十六进制数是(   )。
   A．0x16   B．16   C．-16   D．0xaaaa

5. 若以下变量均是整型，且 num=sum=7;，则计算表达式 sum=num++,sum++,++num 后，sum 的值为(   )。
   A．7   B．8   C．9   D．10

6. 若有定义：int a=7;float x=2.5,y=4.7;，则表达式 x+a%3*(int)(x+y)%2/4 的值是(   )。
   A．2.500000   B．2.750000   C．3.500000   D．0.000000
7. 语句 printf("a\bre\'hi\'y\\\bou\n");的输出结果是(说明:'\b'是退格符)(   )。
   A．a\bre\'hi\'y\\\bou   B．a\bre\'hi\'y\bou
   C．re'hi'you   D．abre'hi'y\bou
8. 以下程序的输出结果是(   )。

```
void main()
{   int  i,j,k,a=3,b=2;
    i=(--a==b++)?--a:++b;
    j=a++;
    k=b;
    printf("i=%d,j=%d,k=%d\n",i,j,k);
}
```

   A．i=2,j=1,k=3   B．i=1,j=1,k=2
   C．i=4,j=2,k=4   D．i=1,j=1,k=3
9. putchar 函数可以向终端输出一个(   )。
   A．整型变量表达式值   B．实型变量值
   C．字符串   D．字符或字符型变量值
10. 已知：int a,b;，用语句 scanf("%d%d",&a,&b);输入 a、b 的值时，不能作为输入数据分隔符的是(   )。
    A．,   B．空格键   C．Enter 键   D．Tab 键
11. 假定所有变量均已正确定义，下列程序段运行后，x 的值是(   )。

```
k1=1;
k2=2;
k3=3;
x=15;
if(!k1)
    x--;
else if(k2)
    x=4;
else
    x=3;
```

    A．14   B．4   C．15   D．3
12. 以下程序的输出结果是(   )。

```
void main()
{   int x=1,a=0,b=0;
    switch (x)
    { case 0: b++;
      case 1: a++;
      case 2: a++;b++;
    }
```

```
    printf("a=%d,b=%d",a,b);
}
```
  A. 2,1   B. 1,1   C. 1,0   D. 2,2

13. 为表示关系 x≥y≥z，应使用 C 语言表达式( )。
  A. (x>=y)&&(y>=z)   B. (x>=y) AND (y>=z)
  C. (x>=y>=z)   D. (x>=z)&(y>=z)

14. 整型变量 x=1，y=3，经下列计算后，x 的值不等于 6 的是( )。
  A. x=(x=1+2,x*2)   B. x=y>2?6:5
  C. x=9-(--y)-(y--)   D. x=y*4/2

15. 以下程序段的输出结果为( )。

```
for(i=4;i>1;i--)
    for(j=1;j<i;j++)
        putchar('#');
```

  A. 无   B. ######   C. #   D. ###

16. C 语言中，while 和 do-while 循环的主要区别是( )。
  A. while 的循环控制条件比 do-while 的循环控制条件严格
  B. do-while 的循环体至少无条件执行一次
  C. do-while 允许从外部转到循环体内
  D. do-while 循环体不能是复合语句

17. 执行语句 for(i=1;i++<4;); 后变量 i 的值是( )。
  A. 3   B. 4   C. 5   D. 不定

18. 下列定义数组的语句中正确的是( )。
  A. #define size 10 char str1[size],str2[size+2];
  B. char str[];
  C. int num['10'];
  D. int n=5; int a[n][n+2];

19. 设有数组定义：char array [ ]="China"；则数组 array 所占的空间为( )。
  A. 4 个字节 B. 5 个字节 C. 6 个字节 D. 7 个字节

20. int a[10];，合法的数组元素的最小下标值为( )。
  A. 10   B. 9   C. 1   D. 0

21. 已定义两个字符数组 a,b，则以下输入格式正确的是( )。
  A. scanf("%s%s", a, b);   B. get(a, b);
  C. scanf("%s%s", &a, &b);   D. gets("a"),gets("b");

22. 与实际参数为实型数组名相对应的形式参数不可以定义为( )。
  A. float a[]; B. float *a; C. float a; D. float (*a)[3];

23. 下面语句的输出结果是( )。

```
printf("%d\n",strlen("\t\"\065\xff\n"));
```

  A. 5   B. 14   C. 8   D. 无法正常输出

24. C语言规定，函数返回值的类型由(　　)。
   A. return 语句中的表达式类型所决定
   B. 调用该函数时的主调函数类型所决定
   C. 调用该函数时系统临时决定
   D. 在定义该函数时所指定的函数类型所决定

25. 在说明语句 int *f();中，标识符 f 代表的是(　　)。
   A. 一个用于指向整型数据的指针变量
   B. 一个用于指向一维数组的行指针
   C. 一个用于指向函数的指针变量
   D. 一个返回值为指针型的函数名

26. 若有定义 int a[10],*p=a;，则 p+5 表示(　　)。
   A. 元素 a[5]的地址　　　　　　B. 元素 a[5]的值
   C. 元素 a[6]的地址　　　　　　D. 元素 a[6]的值

27. int a[10]={1,2,3,4,5,6,7,8};int *p;p=&a[5];，p[-3]的值是(　　)。
   A. 2　　　　B. 3　　　　C. 4　　　　D. 不一定

28. 指针变量 p 的基类型为 double，并已指向一个连续存储区，若 p 中当前的地址值为 65490，则执行 p++ 后，p 中的值为(　　)。
   A. 65490　　　B. 65492　　　C. 65494　　　D. 65498

29. 下列程序运行结果为: (　　)。

```
#define P 3
#define S(a)  P*a*a
void main()
{ int ar;
  ar=S(3+5);
  printf("\n%d",ar);
}
```

   A. 192　　　　B. 29　　　　C. 27　　　　D. 25

30. 若要打开 A 盘上 user 子目录下名为 abc.txt 的文本文件进行读、写操作，下面符合此要求的函数调用是(　　)。
   A. fopen("A:\user\abc.txt","r")
   B. fopen("A:\\user\\abc.txt","r+")
   C. fopen("A:\user\abc.txt","rb")
   D. fopen("A:\\user\\abc.txt","w")

二、填空题(每空 1 分，共 10 分)

1. 设 x=2&&2||5>1，x 的值为＿＿＿＿。
2. 设 a=3,b=4,c=4，则表达式 a+b>c&&b==c&&a||b+c&&b==c 的值为＿＿＿＿。
3. int x=2,y=3,z=4;，则表达式 x+y&&x=y 的值为＿＿＿＿。
4. 若所用变量都已正确定义，则以下程序段的输出结果为＿＿＿＿。

```
        for(i=1;i<=5;i++);
            printf("OK\n");
```

5. 假设有条件 int x=1,y=2,z=3;，则表达式 z+=x>y?++x:++y 的值是_____。

6. 合并字符串的库函数是_____(只写函数名即可)。

7. 如果函数不要求带回值，可用_____来定义函数返回值为空。

8. 若有定义：int a[3][2]={2,4,6,8,10,12};，则*(a[1]+1)的值是_____。

9. 已知 a=13、b=6，a&b 的十进制数值为_____。

10. 若有以下的说明和定义，则对初值 2 的引用方式为_____。

```
        struct st
        {   char ch;
            int i;
        }arr[3]={'a' , 1 , 'b' , 2 , 'c' , 3};
```

三、判断题(每题 1 分，共 10 分)

1. 表达式 (j=3, j++) 的值是 4。(   )

2. 语句 printf("%f%%",1.0/3);输出为 0.333333。(   )

3. 逻辑表达式-5&&!8 的值为 1。(   )

4. C 语言的 switch 语句中 case 后可为常量或表达式或有确定值的变量及表达式。(   )

5. 函数 strlen("ASDFG\n")的值是 7。(   )

6. char c[]="Very Good"; 是一个合法的为字符串数组赋值的语句。(   )

7. 如果被调用函数的定义出现在主调函数之前，可以不必加以声明。(   )

8. 有如下说明：int a[10]={1,2,3,4,5,6,7,8,9,10},*p=a;，则数值为 9 的表达式是 *(p+8)。(   )

9. 用 fopen("file","r+");打开的文件"file"可以进行修改。(   )

10. 若有说明 int c;，则 while(c=getchar());是正确的 C 语句。(   )

四、程序改错题(每题 10 分，共 20 分)

1. 功能：编写函数 fun，求两个整数的最小公倍数，然后用主函数 main()调用这个函数并输出结果，两个整数由键盘输入。

```
        #include <stdio.h>
        int fun(int m,int n)
        {   int i;
            /**********FOUND**********/
            if (m=n)
            {   i=m;
                m=n;
                n=i;
```

```
    }
    for(i=m;i<=m*n;i+=m)
    /**********FOUND**********/
        if(i%n==1)
            return(i);
    return 0;
}
void main()
{   unsigned int m,n,q;
    printf("m,n=");
    scanf("%d,%d",&m,&n);
    /**********FOUND**********/
    q==fun(m,n);
    printf("p(%d,%d)=%d",m,n,q);
}
```

2. 功能：将 6 个数按输入时顺序的逆序进行排列。

```
#include <stdio.h>
void sort(char *p,int m)
{   int i;
    char change,*p1,*p2;
    for(i=0;i<m/2;i++)
    {   /**********FOUND**********/
        *p1=p+i;
        *p2=p+(m-1-i);
        change=*p1;
        *p1=*p2;
        *p2=change;
    }
}
void main()
{   int i;
    /**********FOUND**********/
    char  p,num[6];
    for(i=0;i<=5;i++)
        /**********FOUND**********/
        scanf("%d",num[i]);
    p=&num[0];
    /**********FOUND**********/
    sort(*p,6);
    for(i=0;i<=5;i++)
        printf("%d",num[i]);
}
```

五、程序填空题(每题10分，共20分)

1. 功能：求数组中主对角线元素之和。

```
#include "stdio.h"
void main()
{ int a[3][3],s=0,i,j;
  for(i=0;i<3;i++ )
     for(j=0;j<3;j++)
         scanf("%d", &a[i][j] );
  for(i=0;i<3;i++)
     for(j=0;j<3;j++)
         /***********SPACE***********/
         if(  【?】  )
            /***********SPACE***********/
            s+=  【?】 ;
  printf("s=%d\n",s);
}
```

2. 功能：利用指向结构体的指针编写求某年、某月、某日是第几天的程序，其中年、月、日和年天数用结构体表示。

```
#include <stdio.h>
#include <stdlib.h>
void main()
{ /***********SPACE***********/
  【?】 date
  { int y,m,d,n;
  /***********SPACE***********/
  }【?】 ;
  int k,f,a[12]={31,28,31,30,31,30,31,31,30,31,30,31};
  printf("date:y,m,d=");
  scanf("%d,%d,%d",&x.y,&x.m,&x.d);
  f=x.y%4==0&&x.y%100!=0||x.y%400==0;
  /***********SPACE***********/
  a[1]+=【?】 ;
  if(x.m<1||x.m>12||x.d<1||x.d>a[x.m-1])
     exit(0);
  for(x.n=x.d,k=0;k<x.m-1;k++)x.n+=a[k];
  /***********SPACE***********/
  printf("n=%d\n",【?】);
}
```

六、程序设计题(每题10分，共10分)

1. 功能：实现两个数的交换，在主函数中输入任意3个数，调用函数将这3个数从大到小排序。

```
#include<stdio.h>
void swap(int *a,int *b)
{ /**********Program**********/



  /********** End **********/
}
void main()
{ int x,y,z;
  scanf("%d%d%d",&x,&y,&z);
  if(x<y)
     swap(&x,&y);
  if(x<z)
     swap(&x,&z);
  if(y<z)
     swap(&y,&z);
  printf("%3d%3d%3d",x,y,z);
}
```

4.4　自测练习第4套

一、单项选择题(每题1分，共30分)

1. 任何一个C语言的可执行程序都是从( )开始执行的。
   A．程序中的第一个函数　　　　B．main()函数的入口处
   C．程序中的第一条语句　　　　D．编译预处理语句
2. C语言中，char类型数据占( )。
   A．1个字节　　B．2个字节　　C．4个字节　　D．8个字节
3. 设变量a是整型，f是实型，i是双精度型，则表达式10+'a'+i*f值的数据类型为( )。
   A．int　　　　B．float　　　C．double　　　D．不确定
4. 已知大写字母A的ASCII码值是65，小写字母a的ASCII码值是97，则用八进制表示的字符常量'\101'是( )。
   A．字符A　　　B．字符a　　　C．字符e　　　D．非法的常量
5. C语言中，double类型数据占( )。
   A．1个字节　　B．2个字节　　C．4个字节　　D．8个字节
6. 下列语句的结果是( )。
```
void main()
```

```
{   int j;
    j=3;
    printf("%d,",++j);
    printf("%d",j++);
}
```

  A. 3,3   B. 3,4   C. 4,3   D. 4,4

7. 若已定义 x 和 y 为 double 类型，则表达式 x=1,y=x+3/2 的值是( )。

  A. 1   B. 2   C. 2.0   D. 2.5

8. C 语言程序的 3 种基本结构是顺序结构、选择结构和( )结构。

  A. 循环   B. 递归   C. 转移   D. 嵌套

9. 下列程序的输出结果为( )。

```
void main()
{   int m=7,n=4;
    float a=38.4,b=6.4,x;
    x=m/2+n*a/b+1/2;
    printf("%f\n",x);
}
```

  A. 27.000000   B. 27.500000   C. 28.000000   D. 28.500000

10. 有以下程序，其输出结果是( )。

```
#include "stdio.h"
void main()
{   double d ;
    float f ;
    long l ;
    int i ;
    i=f=l=d=20/3;
    printf("%d %ld %3.1f %3.1f\n", i, l, f, d);
}
```

  A. 6 6 6.0 6.0   B. 6 6 6.7 6.7   C. 6 6 6.0 6.7   D. 6 6 6.7 6.0

11. 设 int x=1,y=1;，表达式(!x||y--)的值是( )。

  A. 0   B. 1   C. 2   D. -1

12. 执行下列程序段后，m 的值是( )。

```
int w=2,x=3,y=4,z=5,m;
m=(w<x)?w:x;
m=(m<y)?m:y;
m=(m<z)?m:z;
```

  A. 4   B. 3   C. 5   D. 2

13. 执行下列语句后的输出为( )。

```
int j=-1;
```

```
if(j<=1)
    printf("****\n");
else
    printf("%%%%\n");
```

  A．****   B．%%%%   C．%%%%c D．有错，执行不正确

14．已知 year 为整型变量，不能使表达式(year%4==0&&year%100!=0)||year%400==0 的值为"真"的数据是(　　)。

  A．1990   B．1992   C．1996   D．2000

15．以下程序的运行结果是(　　)。

```
void main()
{   int n;
    for(n=1;n<=10;n++)
    {  if(n%3==0)
        continue;
       printf("%d",n);
    }
}
```

  A．12457810 B．369   C．12   D．1234567890

16．在 C 语言中，为了结束由 while 语句构成的循环，while 后一对圆括号中表达式的值应该为(　　)。

  A．0   B．1   C．True   D．非 0

17．判断两个字符串是否相等，正确的表达方式是(　　)。

  A．while(s1= =s2)   B．while(s1=s2)

  C．while(strcmp(s1,s2)= =0) D．while(strcmp(s1,s2)=0)

18．若输入 ab，程序运行结果为(　　)。

```
void main()
{  static char a[3];
   scanf("%s",a);
   printf("%c,%c",a[1],a[2]);
}
```

  A．a,b   B．a,   C．b,   D．程序出错

19．调用函数 strlen("abcd\0ef\0g")的返回值是(　　)。

  A．9   B．7   C．6   D．4

20．若要定义 a 为 3×4 的二维数组，正确的定义语句是(　　)。

  A．float a(3,4); B．float a[3][4]; C．float a3.4; D．float a[3,4];

21．合法的数组定义是(　　)。

  A．int a[ ]="string";   B．int a[5]={0,1,2,3,4,5};

  C．char a[ ]="string";   D．char a={0,1,2,3,4,5};

22. C语言函数内定义的局部变量的隐含存储类别是( )。
    A．static   B．auto   C．register   D．extern
23. 若用数组名作为函数的实参,传递给形参的是( )。
    A．数组的首地址   B．数组第一个元素的值
    C．数组中全部元素的值   D．数组元素的个数
24. 以下函数调用语句中实参的个数是( )。

    ```
    func((e1,e2),(e3,e4,e5));
    ```

    A．2   B．3   C．5   D．语法错误
25. 若有 int a[][]={{1,2},{3,4}};,则*(a+1)、*(*a+1)的含义分别为( )。
    A．非法、2   B．&a[1][0]、2
    C．&a[0][1]、3   D．a[0][0]、4
26. 若定义：int a=511,*b=&a;,则 printf("%d\n",*b);的输出结果为( )。
    A．无确定值   B．a 的地址
    C．512   D．511
27. 设变量定义为"int x, *p=&x;",则&(*p)相当于( )。
    A．p;   B．*p   C．x   D．*(&x)
28. 若有以下定义和说明,则下面的叙述不正确的是( )。

    ```
    struct stu
    {  int a;
       float b;
    }student;
    ```

    A．struct 是结构体类型的关键字
    B．struct stu 是用户定义的结构体类型
    C．student 是用户定义的结构体类型名
    D．a 和 b 都是结构体成员名
29. 若要说明一个类型名 STP,使得定义语句 STP s 等价于 char *s,以下选项中正确的是( )。
    A．typedef STP char *s;   B．typedef *char STP;
    C．typedef stp *char;   D．typedef char* STP;
30. 已知函数的调用形式：fread(buffer,size,count,fp);,其中 buffer 代表的是( )。
    A．一个整数,代表要读入的数据项总数
    B．一个文件指针,指向要读的文件
    C．一个指针,指向要读入数据的存放地址
    D．一个存储区,存放要读的数据项

二、填空题(每空 1 分,共 10 分)

1. 设有以下变量定义,并已赋确定的值：char w; int x; float y; double z; ,则表达式

w*x+z-y 所求得的数据类型是_____。

2. 表示"x≥y≥z"的 C 表达式是_____。

3. 设 x 和 y 均为 int 型变量，且 x=1，y=2，则表达式 1.0+x/y 的值为_____。

4. C 语言的 3 种基本结构是_____结构、选择结构和循环结构。

5. 已知 i=5，语句 a=(i>5)?0:1; 执行后整型变量 a 的值是_____。

6. 求字符串长度的库函数是_____(只写函数名即可)。

7. 函数的_____调用是一个函数直接或间接地调用它自身。

8. 设 int i=5,*p1=&i,**p2=&p1;，则**p2 的值为_____。

9. 设变量定义为 "int x=3, *p=&x;"，变量 x 的地址为 2000，则*p=_____, &(*p)=_____(填数字)。

三、判断题(每题 1 分，共 10 分)

1. C 语言中 "%" 运算符的运算对象必须是整型。(　　)
2. 若有定义和语句：

```
int a;
char c;
float f;
scanf("%d,%c,%f",&a,&c,&f);
```

若通过键盘输入：10,A,12.5，则 a=10，c='A'，f=12.5。(　　)

3. 关系运算符<= 与 == 的优先级相同。(　　)
4. 循环结构中的 continue 语句是使整个循环终止执行。(　　)
5. 如果要使一个数组中全部元素的值为 0，可以写成 int a[10]={0*10};。(　　)
6. 字符处理函数 strcpy(str1,str2)的功能是把字符串 1 接到字符串 2 的后面。(　　)
7. 在 C 程序中，函数既可以嵌套定义，也可以嵌套调用。(　　)
8. int i,*p=&i;是正确的 C 说明。(　　)
9. 在 Turbo C 中，下面的定义和语句是合法的：file *fp;fp=fopen("a.txt","r");。(　　)
10. 十进制数 15 的二进制数是 1111。(　　)

四、程序改错题(每题 10 分，共 20 分)

1. 功能：用 "冒泡法" 对连续输入的 10 个字符排序后按从小到大的次序输出。

```
#include <stdio.h>
#include <string.h>
#define   N  10
void sort(char str[N])
{ int i,j;
  char t;
  for(j=1;j<N;j++)
    /***********FOUND***********/
    for(i=0;i<N-j;i--)
```

```
        /**********FOUND**********/
        if(str[i]<str[i+1])
        {   t=str[i];
            str[i]=str[i+1];
            str[i+1]=t;
        }
    }
}
void main()
{   int i;
    char  str[N];
    for(i=0;i<N;i++)
        /**********FOUND**********/
        scanf("%c",str[i]);
    /**********FOUND**********/
    sort(str[N]);
    for(i=0;i<N;i++)
        printf("%c",str[i]);
    printf("\n");
}
```

2. 功能：先将在字符串 s 中的字符按逆序存放到字符串 t 中，然后把 s 中的字符按正序连接到 t 的后面。例如，当 s 中的字符串为"ABCDE"时，则 t 中的字符串应为"EDCBAABCDE"。

```
#include <conio.h>
#include <stdio.h>
#include <string.h>
void fun (char *s, char *t)
{  /**********FOUND**********/
   int i;
   sl = strlen(s);
   for (i=0; i<sl; i++)
      /**********FOUND**********/
      t[i] = s[sl-i];
   for (i=0; i<sl; i++)
      /**********FOUND**********/
      t[sl] = s[i];
   t[2*sl] = '\0';
}
void main()
{  char s[100], t[100];
   printf("\nPlease enter string s:");
   scanf("%s", s);
   fun(s, t);
   printf("The result is: %s\n", t);
}
```

第四部分 自 测 练 习

五、程序填空题(每题 10 分，共 20 分)

1. 功能：从键盘输入一个字符串，将小写字母全部转换成大写字母，然后输出到一个磁盘文件"test"中保存。输入的字符串以"!"结束。

```
#include <stdio.h>
#include <string.h>
#include <stdlib.h>
void main()
{ FILE *fp;
  char str[100];
  int i=0;
  /**********SPACE**********/
  if((fp=fopen("test",【?】))==NULL)
  { printf("cannot open the file\n");
    exit(0);
  }
  printf("please input a string:\n");
  /**********SPACE**********/
  gets(【?】);
  while(str[i]!='!')
  { /**********SPACE**********/
    if(str[i]>='a'&&【?】)
       str[i]=str[i]-32;
    fputc(str[i],fp);
    i++;
  }
  /**********SPACE**********/
  fclose(【?】);
  fp=fopen("test","r");
  fgets(str,strlen(str)+1,fp);
  printf("%s\n",str);
  fclose(fp);
}
```

2. 功能：三角形的面积为 area=sqrt(s*(s-a)*(s-b)*(s-c))。其中，s=(a+b+c)/2，a、b、c 为三角形 3 条边的长。定义两个带参数的宏，一个用来求 s，另一个用来求 area。编写程序，在程序中用带参数的宏求面积 area。

```
#include <stdio.h>
#include "math.h"
/**********SPACE**********/
#【?】 S(x,y,z) (x+y+z)/2
#define AREA(s,x,y,z) sqrt(s*(s-x)*(s-y)*(s-z))
void main()
```

```
{   double area;
    float a,b,c,s;
    printf("a,b,c=");
/***********SPACE***********/
    scanf("%f,%f,%f",&a,【?】,&c);
    if(a+b>c&&b+c>a&&c+a>b)
    {   /***********SPACE***********/
        s=【?】;
        /***********SPACE***********/
        area=【?】;
        printf("area=%f\n",area);
    }
}
```

六、程序设计题(每题 10 分，共 10 分)

功能：将字符串中的小写字母转换为对应的大写字母，其他字符不变。

```
#include "string.h"
#include <stdio.h>
void change(char str[])
{   /**********Program**********/



    /********** End **********/
}
void main()
{
    char str[40];
    gets(str);
    change(str);
    puts(str);
}
```

4.5　全国计算机等级考试二级 C 语言程序设计模拟题 1

一、单项选择题(每题 1 分，共 40 分)

1. 下列叙述中正确的是(　　)。
   A．一个算法的空间复杂度大，则其时间复杂度也必定大
   B．一个算法的空间复杂度大，则其时间复杂度必定小
   C．一个算法的时间复杂度大，则其空间复杂度必定小
   D．算法的时间复杂度与空间复杂度没有直接关系

2. 下列叙述中正确的是(　　)。
   A. 循环队列中的元素个数随队头指针与队尾指针的变化而动态变化
   B. 循环队列中的元素个数随队头指针的变化而动态变化
   C. 循环队列中的元素个数随队尾指针的变化而动态变化
   D. 以上说法都不正确
3. 一棵二叉树中共有 80 个叶子结点与 70 个度为 1 的结点,则该二叉树中的总结点数为(　　)。
   A. 219　　　　B. 229　　　　C. 230　　　　D. 231
4. 对长度为 10 的线性表进行冒泡排序,最坏情况下需要比较的次数为(　　)。
   A. 9　　　　　B. 10　　　　　C. 45　　　　　D. 90
5. 构成计算机软件的是(　　)。
   A. 源代码　　　　　　　　　B. 程序和数据
   C. 程序和文档　　　　　　　D. 程序、数据及相关文档
6. 软件生命周期可分为定义阶段、开发阶段和维护阶段,下面不属于开发阶段任务的是(　　)。
   A. 测试　　　　B. 设计　　　　C. 可行性研究　　D. 实现
7. 下面不能作为结构化方法软件需求分析工具的是(　　)。
   A. 系统结构图　　　　　　　B. 数据字典(DD)
   C. 数据流程图(DFD)　　　　D. 判定表
8. 在关系模型中,每一个二维表称为一个(　　)。
   A. 关系　　　　B. 属性　　　　C. 元组　　　　D. 主码(键)
9. 若实体 A 和 B 是一对多的联系,实体 B 和 C 是一对一的联系,则实体 A 和 C 的联系是(　　)。
   A. 一对一　　　B. 一对多　　　C. 多对一　　　D. 多对多
10. 有 3 个关系 R、S 和 T 如下。

R				S				T		
A	B	C		A	B	C		A	B	C
a	1	2		d	3	2		a	1	2
b	2	1		c	3	1		b	2	1
c	3	1						c	3	1
								d	3	2

则由关系 R 和 S 得到关系 T 的操作是(　　)。
   A. 选择　　　　B. 投影　　　　C. 交　　　　　D. 并
11. 以下叙述中正确的是(　　)。
    A. C 语言程序所调用的函数必须放在 main 函数的前面
    B. C 语言程序总是从最前面的函数开始执行

C. C语言程序中main函数必须放在程序的开始位置

D. C语言程序总是从main函数开始执行

12. C语言程序中，运算对象必须是整型数的运算符是(　　)。

　　A. &&　　　　B. /　　　　C. %　　　　D. *

13. 有以下程序

```
#include <stdio.h>
void main()
{   int sum, pad,pAd;
    sum=pad=5;
    pAd=++sum,pAd++,++pad;
    printf("%d\n",pad);
}
```

程序的输出结果是(　　)。

　　A. 5　　　　B. 6　　　　C. 7　　　　D. 8

14. 有以下程序

```
#include<stdio.h>
void main()
{   int a=3;
    a+=a-=a*a;
    printf("%d\n",a);
}
```

程序的输出结果是(　　)。

　　A. 0　　　　B. 9　　　　C. 3　　　　D. -12

15. sizeof(double)是(　　)。

　　A. 一个整型表达式　　　　　　B. 一个双精度型表达式

　　C. 一个不合法的表达式　　　　D. 一种函数调用

16. 有以下程序

```
#include <stdio.h>
void main()
{   int a=2,c=5;
    printf("a=%%d,b=%%d\n",a,c);
}
```

程序的输出结果是(　　)。

　　A. a=2,b=5　　B. a=%2,b=%5　　C. a=%d,b=%d　　D. a=%%d,b=%%d

17. 若有定义语句：char a='\82';，则变量a(　　)。

　　A. 说明不合法　　　　　　　　B. 包含1个字符

　　C. 包含2个字符　　　　　　　D. 包含3个字符

18. 有以下程序

```
#include <stdio.h>
void main()
{ char c1='A',c2='Y';
  printf("%d,%d\n",c1,c2);
}
```

程序的输出结果是(   )。

　　A．输出格式不合法，输出出错信息

　　B．65,89

　　C．65,90

　　D．A,Y

19．若变量已正确定义，且有语句：for(x=0,y=0;(y!=99&&x<4);x++)，则以上 for 循环(   )。

　　A．执行 3 次　　　　　　　　B．执行 4 次

　　C．执行无限次　　　　　　　D．执行次数不定

20．对于 while(!E) s;，若要执行循环体 s，则 E 的取值应(   )。

　　A．等于 1　　B．不等于 0　　C．不等于 1　　D．等于 0

21．有以下程序

```
#include <stdio.h>
void main()
{ int x;
    for(x=3;x<6;x++)
        printf((x%2)?("*%d"):("#%d"),x);
    printf("\n");
}
```

程序的输出结果是(   )。

　　A．*3#4*5　　B．#3*4#5　　C．*3*4*5　　D．*3#4#5

22．有以下程序

```
#include <stdio.h>
void main()
{ int a,b;
    for(a=1,b=1;a<=100;a++)
    { if(b>=20)
        break;
      if(b%3==1)
      { b=b+3;
        continue;
      }
      b=b-5;
    }
    printf("%d\n",a);
}
```

程序的输出结果是(　　)。

　　A．10　　　　B．9　　　　C．8　　　　D．7

23．有以下程序

```
#include <stdio.h>
void fun(int x,int y,int *c,int *d)
{ *c=x+y;
  *d=x-y;
}
void main()
{ int a=4,b=3,c=0,d=0;
  fun(a,b,&c,&d);
  printf("%d% d\n",c,d);
}
```

程序的输出结果是(　　)。

　　A．0 0　　　B．4 3　　　C．3 4　　　D．7 1

24．有以下程序

```
#include <stdio.h>
void fun(int *p,int *q)
{ int t;
  t=*p;
  *p=*q;
  *q=t;
  *q=*p;
}
void main()
{ int a=0,b=9;
  fun(&a,&b);
  printf("%d  %d\n",a,b);
}
```

程序的输出结果是(　　)。

　　A．9 0　　　B．0 0　　　C．9 9　　　D．0 9

25．有以下程序

```
#include <stdio.h>
void main()
{ int a[]={2,4,6,8,10},x,*p,y=1;
  p=&a[1];
  for(x=0;x<3;x++)
      y+=*(p+x);
  printf("%d\n",y);
}
```

程序的输出结果是(   )。

A．13　　　　　B．19　　　　　C．11　　　　　D．15

26．有以下程序

```
#include <stdio.h>
void main()
{ int i,x[3][3]={1,2,3,4,5,6,7,8,9};
    for(i=0;i<3;i++)
        printf("%d",x[i][2-i]);
    printf("\n");
}
```

程序的输出结果是(   )。

A．1 5 0　　　B．3 5 7　　　C．1 4 7　　　D．3 6 9

27．设有某函数的说明为 int *func(int a[10],int n);，则下列叙述中，正确的是(   )。

A．形参 a 对应的实参只能是数组名

B．说明中的 a[10]写成 a[]或*a 效果完全一样

C．func 的函数体中不能对 a 进行移动指针(如 a++)的操作

D．只有指向 10 个整数内存单元的指针，才能作为实参传给 a

28．有以下程序

```
#include <stdio.h>
char fun(char *c)
{   if(*c<='Z'&&*c>='A')
        *c-='A'-'a';
    return *c;
}
void main()
{ char s[81],*p=s;
    gets(s);
    while(*p)
    {   *p=fun(p);
        putchar(*p);
        p++;
    }
    printf("\n");
}
```

若运行时从键盘上输入 OPEN　THE D　OOR<回车>，程序的输出结果是(   )。

A．OPEN　THE　DOOR　　　　　B．oPEN　tHE　dOOR

C．open　the　door　　　　　　D．Open　The　Door

29．设有定义语句：char *aa[2]={"abcd","ABCD"};，则以下叙述正确的是(   )。

A．aa[0]存放了字符串"abcd"的首地址

B．aa 数组的两个元素只能存放含有 4 个字符的一维数组的首地址

C．aa 数组的值分别是字符串"abcd"和"ABCD"

D．aa 是指针变量，它指向含有两个元素的字符型数组

30．有以下程序

```
#include <stdio.h>
int fun(char *s)
{  char *p=s;
   while(*p!=0)
      p++;
   return(p-s);
}
void main()
{  printf("%d\n",fun("goodbey!"));
}
```

程序的输出结果是(　　)。

A．0　　　　　B．6　　　　　C．8　　　　　D．8

31．有以下程序

```
#include <stdio.h>
int fun(int n)
{  int a;
   if(n==1)
      return 1;
   a=n+fun(n-1);
   return(a);
}
void main()
{  printf("%d\n",fun(5));
}
```

程序的输出结果是(　　)。

A．9　　　　　B．14　　　　C．10　　　　D．15

32．有以下程序

```
#include <stdio.h>
int d=1;
void fun(int p)
{  int d=5;
   d+=p++;
   printf("%d",d);
}
void main()
{  int a=3;
   fun(a);
   d+=a++;
   printf("%d\n",d);
```

}
```

程序的输出结果是(    )。
A．8 4    B．9 6    C．9 4    D．8 5

33．有以下程序

```
#include <stdio.h>
int fun(int a)
{ int b=0;
  static int c=3;
  a=(c++,b++);
  return(a);
}
void main()
{ int a=2,i,k;
  for(i=0;i<2;i++)
      k=fun(a++);
  printf("%d\n",k);
}
```

程序的输出结果是(   )。
A．4   B．0   C．1   D．2

34．有以下程序

```
#include<stdio.h>
void main()
{ char c[2][5]={"6934","8254"},*p[2];
  int i,j,s=0;
  for(i=0;i<2;i++)
      p[i]=c[i];
  for(i=0;i<2;i++)
    for(j=0;p[i][j]>0&&p[i][j]<='9';j+=2)
        s=10*s+p[i][j]-'0';
  printf("%d\n",s);
}
```

程序的输出结果是(   )。
A．693825   B．69825   C．63825   D．6385

35．有以下程序

```
#include <stdio.h>
#define SQR(X)  X*X
void main()
{ int a=10,k=2,m=1;
  a/=SQR(k+m)/SQR(k+m);
  printf("%d\n",a);
}
```
```

程序的输出结果是(   )。

A. 0　　　　　B. 1　　　　　C. 9　　　　　D. 10

36. 有以下程序

```
#include <stdio.h>
void main()
{ char x=2,y=2,z;
  z=(y<<1)&(x>>1);
  printf("%d\n",z);
}
```

程序的输出结果是(   )。

A. 1　　　　　B. 0　　　　　C. 4　　　　　D. 8

37. 有以下程序

```
#include <stdio.h>
struct S
{ int a;
  int b;
};
void main()
{ struct S a,*p=&a;
  a.a=99;
  printf("%d\n",_____);
}
```

程序要求输出结构体中成员 a 的数据，以下不能填入横线处的是(   )。

A. a.a　　　　B. *p.a　　　　C. p->a　　　　D. (*p).a

38. 有以下程序

```
#include <stdio.h>
#include <stdlib.h>
void fun(double *p1,double *p2,double *s)
{ s=(double*)calloc(1,sizeof(double));
  *s=*p1+*(p2+1);
}
void main()
{ double a[2]={1.1,2.2},b[2]={10.0,20.0},*s=a;
  fun(a,b,s);
  printf("%5.2f\n",*s);
}
```

程序的输出结果是(   )。

A. 21.10　　　B. 11.10　　　C. 12.10　　　D. 1.10

39. 若已建立以下链表结构，指针 p、s 分别指向如下所示结点：则不能将 s 所指结点插入到链表末尾兔子语句组是(   )。

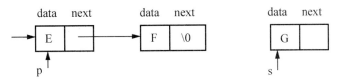

A．p=p->next;s->next=p;p->next=s;

B．s->next='\0';p=p->next;p->next=s;

C．p=p->next;s->next=p->next;p->next=s;

D．p=(*p).next;(*s).next=(*p).next;(*p).next=s;

40. 若 fp 已定义为指向某文件的指针，且没有读到该文件的末尾，则 C 语言函数 feof(fp)的函数返回值是(   )。

A．EOF　　　　B．非 0　　　　C．-1　　　　D．0

二、操作题(每题 20 分，共 60 分)

1. 程序填空题

请补充函数 fun()，该函数的功能是：把从主函数中输入的字符串 str2 接在字符串 str1 的后面。例如，str1="How do"，str2="you do?"，结果输出：How do you do?

注意：请勿改动主函数 main 和其他函数中的任何内容，仅在函数 fun 的空白处填入所编写的若干表达式或语句。

试题程序：

```
#include <stdio.h>
#include <string.h>
#define N 40
void fun(char *str1, char *str2)
{ int i=0;
  char *p1=str1;
  char *p2=str2;
  /**********SPACE**********/
  while(【1】)
     i++;
  /**********SPACE**********/
  for(;【2】;i++)
     /**********SPACE**********/
     *(p1+i)=【3】;
  *(p1+i)='\0';
}
void main()
{ char str1[N],str2[N];
  printf("*****Input the string str1&str2*****\n");
```

```
        printf("\nstr1:");
        gets(str1);
        printf("\nstr2:");
        gets(str2);
        printf("**The string str1&str2**\n");
        puts(str1);
        puts(str2);
        fun(str1,str2);
        printf("*****The new string*****\n");
        puts(str1);
}
```

2. 程序改错题

下列给定程序中，函数 fun() 的作用是：将字符串 tt 中的小写字母都改为对应的大写字母，其他字符不变。例如，若输入"edS，dAd"，则输出"EDS，DAD"。请改正程序中的错误，使它能得到正确结果。

注意：不要改动 main 函数，不得增行或删行，也不得更改程序的结构。

试题程序：

```
#include <stdio.h>
#include <string.h>
/***********FOUND***********/
char fun(char tt[])
{   int i;
    for(i=0;tt[i];i++)
    /***********FOUND***********/
    {   if((tt[i]>='A')&&(tt[i]<='Z'))
        tt[i]-=32;
    }
    return(tt);
}
void main()
{   char tt[81];
    printf("\nPlease enter a string:");
    gets(tt);
    printf("\nThe result string is:\n%s",fun(tt));
}
```

3. 程序设计题

请编写函数 fun()，该函数的功能是：移动一维数组中的内容，若数组中有 n 个整数，要求把下标从 p 到 n-1(p≤n-1)的数组元素平移到数组的前面。

例如，一维数组中的原始内容为 1，2，3，4，5，6，7，8，9，10，11，12，13，14，15，p 的值为 6。移动后，一维数组中的内容应为 7，8，9，10，11，12，13，14，15，1，

2, 3, 4, 5, 6。

注意：请勿改动主函数 main 和其他函数中的任何内容，仅在函数 fun 的花括号中填入所编写的若干语句。

试题程序：

```c
#include <stdio.h>
#define N 80
void fun(int *w,int p,int n)
{ /**********Program**********/



  /********** End **********/
}
void main()
{ int a[N]={1,2,3,4,5,6,7,8,9,10,11,12,13,14,15};
  int i,p,n=15;
  printf("The original data:\n");
  for(i=0;i<N;i++)
     printf("%3d",a[i]);
  printf("\n\nEnter p:");
  scanf("%d",&p);
  fun(a,p,n);
  printf("\nThe data after moving:\n");
  for(i=0;i<N;i++)
     printf("%3d",a[i]);
  printf("\n\n");
}
```

4.6　全国计算机等级考试二级 C 语言程序设计模拟题 2

一、单项选择题(每题 1 分，共 40 分)

1. 下列叙述中正确的是(　　)。
   A．线性表的链式存储结构与顺序存储结构所需要的存储空间是相同的
   B．线性表的链式存储结构所需要的存储空间一般要多于顺序存储结构
   C．线性表的链式存储结构所需要的存储空间一般要少于顺序存储结构
   D．线性表的链式存储结构与顺序存储结构在存储空间的需求上没有可比性
2. 下列叙述中正确的是(　　)。
   A．栈是一种先进先出的线性表　　B．队列是一种后进先出的线性表
   C．栈与队列都是非线性结构　　　D．以上三种说法都不正确

3. 软件测试的目的是(　　)。
   A．评估软件可靠性　　　　　　　B．发现并改正程序中的错误
   C．改正程序中的错误　　　　　　D．发现程序中的错误
4. 在软件开发中，需求分析阶段产生的主要文档是(　　)。
   A．软件集成测试计划　　　　　　B．软件详细设计说明书
   C．用户手册　　　　　　　　　　D．软件需求规格说明书
5. 软件生命周期是指(　　)。
   A．软件产品从提出、实现、使用维护到停止使用退役的过程
   B．软件从需求分析、设计、实现到测试完成的过程
   C．软件的开发过程
   D．软件的运行维护过程
6. 面向对象方法中，继承是指(　　)。
   A．一组对象所具有的相似性质
   B．一个对象具有另一个对象的性质
   C．各对象之间的共同性质
   D．类之间共享属性和操作的机制
7. 层次型、网状型和关系型数据库划分原则是(　　)。
   A．记录长度　　　　　　　　　　B．文件的大小
   C．联系的复杂程度　　　　　　　D．数据之间的联系方式
8. 一个工作人员可以使用多台计算机，而一台计算机可被多个人使用，则实体工作人员与实体计算机之间的联系是(　　)。
   A．一对一　　　B．一对多　　　C．多对多　　　D．多对一
9. 数据库设计中反映用户对数据要求的模式是(　　)。
   A．内模式　　　B．概念模式　　　C．外模式　　　D．设计模式
10. 有三个关系R、S和T如下，则由关系R和S得到关系T的操作是(　　)。

R				S				T		
A	B	C		A	B	C		A	B	C
a	1	2		a	1	2		c	3	1
b	2	1		b	2	1				
c	3	1								

　　A．自然连接　　　B．差　　　C．交　　　D．并
11. 计算机能直接执行的程序是(　　)。
    A．源程序　　　B．目标程序　　　C．汇编程序　　　D．可执行程序
12. 以下叙述中正确的是(　　)。
    A．C语言规定必须用main作为主函数名，程序将从此开始执行
    B．可以在程序中由用户指定任意一个函数作为主函数，程序将从此开始执行
    C．C语言程序将从源程序中第一个函数开始执行
    D．main的各种大小写拼写形式都可以作为主函数名，如MAIN、Main等

13. 以下选项中可用作 C 程序合法实数的是(　　)。
    A．3.0e0.2   B．.1e0   C．E9   D．9.12E
14. 下列定义变量的语句中错误的是(　　)。
    A．int _int;   B．double int_;   C．char For;   D．float US$;
15. 表达式(int)((double)9/2)-9%2 的值是(　　)。
    A．0   B．3   C．4   D．5
16. 设变量均已正确定义，若要通过 scanf("%d%c%d%c",&a1,&c1,&a2,&c2);语句为变量 a1 和 a2 赋数值 10 和 20，为变量 c1 和 c2 赋字符 X 和 Y，以下所示的输入形式中正确的是(注：□代表空格字符)(　　)。
    A．10□X<回车>　20□Y<回车>   B．10□X20□Y<回车>
    C．10X<回车>20Y<回车>   D．10□X□20□Y<回车>
17. 以下选项中不能作为 C 语言合法常量的是(　　)。
    A．0.1e+6   B．'cd'   C．"\a"   D．'\011'
18. if 语句的基本形式是：if(表达式)语句，以下关于"表达式"值的叙述中正确的是(　　)。
    A．必须是逻辑值   B．必须是整数值
    C．必须是正数   D．可以是任意合法的数值
19. 有如下嵌套的 if 语句

```
if(a<b)
    if(a<c)
        k=a;
    else
        k=c;
else
    if(b<c)
        k=b;
    else
        k=c;
```

以下选项中与上述 if 语句等价的语句是(　　)。
    A．k=(a<b)?((b<c)?a:b):((b>c)?b:c);   B．k=(a<b)?((a<c)?a:c):((b<c)?b:c);
    C．k=(a<b)?a:b;k=(b<c)?b:c;   D．k=(a<b)?a:b;k=(a<c)?a:c;
20. 有以下程序

```
#include<stdio.h>
void main()
{   int k=5;
    while(--k)
    printf("%d",k-=3);
    printf("\n");
}
```

执行后的输出结果是(　　)。

A．1　　　　　　B．2　　　　　　C．4　　　　　　D．死循环

21．有以下程序

```
#include <stdio.h>
void main()
{ int i,j;
   for(i=3;i>=1;i--)
   { for(j=1;j<=2;j++)
     printf("%d",i+j);
    printf("\n");
   }
}
```

程序的运行结果是(　　)。

A．4 3　　　　　B．4 5　　　　　C．2 3　　　　　D．2 3
　　2 5　　　　　　　3 4　　　　　　　3 4　　　　　　　3 4
　　4 3　　　　　　　2 3　　　　　　　4 5　　　　　　　2 3

22．有以下程序

```
#include <stdio.h>
void main()
{ int k=5,n=0;
   do
   { switch(k)
     { case 1: case 3:n+=1;k--;break;
       default:n=0;k--;
       case 2: case 4:n+=2;k--;break;
     }
     printf("%d",n);
   }while(k>0&&n<5);
}
```

程序运行后的输出结果是(　　)。

A．02356　　　　B．0235　　　　　C．235　　　　　D．2356

23．以下关于 return 语句的叙述中正确的是(　　)。

A．一个自定义函数中必须有一条 return 语句

B．一个自定义函数中可以根据不同情况设置多条 return 语句

C．定义成 void 类型的函数中可以有带返回值的 return 语句

D．没有 return 语句的自定义函数在执行结束时不能返回到调用处

24．已定义以下函数

```
int fun(int *p)
{ return *p; }
```

fun 函数返回值是( )。
   A．一个整数   B．不确定的值
   C．形参 p 中存放的值   D．形参 p 的地址值

25．以下程序段完全正确的是( )。
   A．int *p;scanf("%d",&p);   B．int *p;scanf("%d",p);
   C．int k,*p=&k;scanf("%d",p);   D．int k,*p;*p=&k;scanf("%d",p);

26．设有定义 double a[10],*s=a;，以下能够代表数组元素 a[3]的是( )。
   A．(*s)[3]   B．*(s+3)   C．*s[3]   D．*s+3

27．有以下程序

```
#include <stdio.h>
void f(int *q)
{ int i=0;
  for(;i<5;i++)
    (*q)++;
}
void main()
{ int a[5]={1,2,3,4,5},i;
  f(a);
  for(i=0;i<5;i++)
    printf("%d,",a[i]);
}
```

程序运行后的输出结果是( )。
   A．6,2,3,4,5,   B．2,2,3,4,5,   C．1,2,3,4,5,   D．2,3,4,5,6,

28．有以下程序

```
#include <stdio.h>
int fun(int (*s)[4],int n,int k)
{ int m,i;
  m=s[0][k];
  for(i=1;i<n;i++)
    if(s[i][k]>m)
      m=s[i][k];
  return m;
}
void main()
{ int a[4][4]={{1,2,3,4},{11,12,13,14},{21,22,23,24},{31,32,33,34}};
  printf("%d\n",fun(a,4,0));
}
```

程序的运行结果是( )。
   A．4   B．34   C．31   D．32

29. 以下选项中正确的语句组是(   )。
    A．char *s;s={"BOOK!"};   B．char *s;s="BOOK!";
    C．char s[10];s="BOOK!";   D．char s[];s="BOOK!";

30. 若有定义语句：char *s1="OK",*s2="ok";，以下选项中，能够输出"OK"的语句是(   )。
    A．if(strcmp(s1,s2)!=0) puts(s2);   B．if(strcmp(s1,s2)!=0) puts(s1);
    C．if(strcmp(s1,s2)==1) puts(s1);   D．if(strcmp(s1,s2)==0) puts(s1);

31. 有以下程序

```
#include <stdio.h>
void fun(char **p)
{ ++p;
  printf("%s\n",*p);
}
void main()
{ char *a[]={"Morning","Afternoon","Evening","Night"};
  fun(a);
}
```

程序的运行结果是(   )。
    A．Afternoon   B．fternoon   C．Morning   D．orning

32. 有以下程序，程序中库函数islower(ch)用以判断ch中的字母是否为小写字母

```
#include <stdio.h>
#include <ctype.h>
void fun(char *p)
{ int i=0;
  while(p[i])
  { if(p[i]==' '&&islower(p[i-1]))
       p[i-1]=p[i-1]-'a'+'A';
    i++;
  }
}
void main()
{ char s1[100]="ab cd EFG !";
  fun(s1);
  printf("%s\n",s1);
}
```

程序运行后的输出结果是(   )。
    A．ab cd EFg !   B．Ab Cd EFg !   C．ab cd EFG !   D．aB cD EFG !

33. 有以下程序

```
#include <stdio.h>
int f(int x)
```

```
{ int y;
  if(x==0||x==1)
      return(3);
  y=x*x-f(x-2);
  return y;
}
void main()
{ int z;
  z=f(3);
  printf("%d\n",z);
}
```

程序的运行结果是(　　)。

A. 0　　　　　B. 9　　　　　C. 6　　　　　D. 8

34. 有以下程序

```
#include <stdio.h>
int fun(int x[],int n)
{ static int sum=0,i;
  for(i=0;i<n;i++)
      sum+=x[i];
  return sum;
}
void main()
{ int a[]={1,2,3,4,5},b[]={6,7,8,9},s=0;
  s=fun(a,5)+fun(b,4);
  printf("%d\n",s);
}
```

程序执行后的输出结果是(　　)。

A. 55　　　　B. 50　　　　C. 45　　　　D. 60

35. 有以下结构体说明、变量定义和赋值语句

```
struct STD
{ char name[10];
  int age;
  char sex;
}s[5],*ps;
ps=&s[0];
```

则以下 scanf 函数调用语句有错误的是(　　)。

A. scanf("%s",s[0].name);　　　　B. scanf("%d",&s[0].age);
C. scanf("%c",&(ps->sex));　　　　D. scanf("%d",ps->age);

36. 若有以下语句

```
typedef struct S
{ int g;
```

```
    char h;
} T;
```

以下叙述中正确的是(　　)。

　　A．可用 S 定义结构体变量　　　　B．可用 T 定义结构体变量
　　C．S 是 struct 类型的变量　　　　D．T 是 struct 类型的变量

37．有以下程序

```
#include <stdio.h>
#include <string.h>
struct A
{ int a;
  char b[10];
  double c;
};
void main()
{ struct A f(struct A t);
struct A a={1001,"ZhangDa",1098.0};
  a=f(a);
  printf("%d,%s,%6.1f\n",a.a,a.b,a.c);
}
struct A f(struct A t)
{ t.a=1002;
  strcpy(t.b , "ChangRong");
  t.c=1202.0;
  return t;
}
```

程序运行后的输出结果是(　　)。

　　A．1002,ZhangDa,1202.0　　　　B．1002,ChangRong,1202.0
　　C．1001,ChangRong,1098.0　　　D．1001,ZhangDa,1098.0

38．设有宏定义：#define　IsDIV(k,n)　((k%n==1)?1:0)，且变量 m 已正确定义并赋值，则宏调用：IsDIV(m,5)&&IsDIV(m,7)为真时所要表达的是(　　)。

　　A．判断 m 是否能被 5 和 7 整除

　　B．判断 m 被 5 和 7 整除是否都余 1

　　C．判断 m 被 5 或者 7 整除是否余 1

　　D．判断 m 是否能被 5 或者 7 整除

39．有以下程序

```
#include <stdio.h>
void main()
{ int a=1,b=2,c=3,x;
  x=(a^b)&c;
  printf("%d\n",x);
}
```

程序的运行结果是(   )。
  A. 3   B. 1   C. 2   D. 0
40．有以下程序

```
#include <stdio.h>
void main()
{   FILE  *fp;
    int k,n,a[6]={1,2,3,4,5,6};
    fp=fopen("d2.dat","w");
    fprintf(fp,"%d%d%d\n",a[0],a[1],a[2]);
    fprintf(fp,"%d%d%d\n",a[3],a[4],a[5]);
    fclose(fp);
    fp=fopen("d2.dat","r");
    fscanf(fp,"%d%d",&k,&n);
    printf("%d %d\n",k,n);
    fclose(fp);
}
```

程序运行后的输出结果是(   )。
  A. 1 2   B. 1 4   C. 123 4   D. 123 456

二、操作题(每题20分，共60分)

1．程序填空题

请补充函数 fun()，该函数的功能是求一维数组 x[N] 的平均值，并对所得结果进行四舍五入(保留两位小数)。例如，当 x[10]={15.6,19.9,16.7,15.2,18.3,12.1,15.5,11.0,10.0,16.0} 时，结果为 avg=15.030000。

注意：请勿改动主函数 main 和其他函数中的任何内容，仅在函数 fun 的空白处填入所编写的若干表达式或语句。

试题程序：

```
#include <stdio.h>
#include <math.h>
double fun(double x[10])
{   int i;
    long t;
    double avg=0.0;
    double sum=0.0;
    for(i=0;i<10;i++)
        /***********FOUND***********/
        【1】;
    avg=sum/10;
    /***********FOUND***********/
```

```
      avg=【2】;
      /***********SPACE***********/
      t=【3】;
      avg=(double)t/100;
      return avg;
  }
  void main()
  { double avg,x[10]={15.6,19.9,16.7,15.2,18.3,12.1,15.5,11.0,10.0,16.0};
      int i;
      printf("\nThe original data is:\n");
      for(i=0;i<10;i++)
         printf("%6.1f",x[i]);
      printf("\n\n");
      avg=fun(x);
      printf("average=%f\n\n",avg);
  }
```

2. 程序改错题

下列给定程序中，函数 fun()的功能是：先从键盘上输入一个 3 行 3 列的矩阵的各个元素的值，然后输出主对角线元素之积。请改正函数 fun()中的错误，使它能得出正确的结果。

注意：不要改动 main 函数，不得增行或删行，也不得更改程序的结构。

试题程序：

```
#include <stdio.h>
int fun()
{   int a[3][3],mul;
    int i,j;
    mul=1;
    for(i=0;i<3;i++)
    {   /***********FOUND***********/
        for(i=0;j<3;j++)
           scanf("%d",&a[i][j]);
    }
    for(i=0;i<3;i++)
        /***********FOUND***********/
        mul=mul*a[i][j];
    printf("Mul=%d\n",mul);
    return mul;
}
void main()
{   fun();
}
```

3. 程序设计题

学生的记录由学号和成绩组成，N 名学生的数据已在主函数中放入结构体数组 s 中，请编写函数 fun()，它的功能是：把分数最低的学生数据放在 h 所指的数组中。分数低的学生可能不只一个，函数返回分数最低学生的人数。

注意：请勿改动主函数 main 和其他函数中的任何内容，仅在函数 fun 的花括号中填入所编写的若干语句。

试题程序：

```c
#include <stdio.h>
#define N 16
typedef struct
{   char num[10];
    int s;
}STREC;
int fun(STREC *a,STREC *b)
{   /*********Program**********/




    /********** End **********/}
void main()
{   STREC s[N]={{"GA005",82},{"GA003",75},{"GA002",85},{"GA004",78},
                {"GA001",95},{"GA007",62},{"GA008",60},{"GA006",85},
                {"GA015",83},{"GA013",94},{"GA012",78},{"GA014",97},
                {"GA011",60},{"GA017",65},{"GA018",60},{"GA016",74}};
    STREC h[N];
    int i,n;
    FILE *out;
    n=fun(s,h);
    printf("The %d lowest score:\n",n);
    for(i=0;i<N;i++)
       printf("%s %4d\n",h[i].num,h[i].s);/*输出最低分学生的学号和成绩*/
    printf("\n");
    out=fopen("out19.dat","w");
    fprintf(out,"%d\n",n);
    for(i=0;i<N;i++)
       fprintf(out,"%4d\n",h[i].s);
    fclose(out);
}
```

附　　　录

附录 A　实验报告参考样本

上机题目			
班　　级		学　　号	
姓　　名		实验时间	年　月　日
指导教师		成　　绩	

一、实验目的

二、实验内容(均要求给出运行结果)

附录 B 课程设计报告参考样本

《计算机程序设计基础(C 语言)》(小二,粗体)

课程设计报告(一号,粗体)

姓　　名：_____(四号,粗体)

学　　号：_____

班　　级：_____

指导教师：_____

成　　绩：_____

完成时间：_____

目　　录(二号，粗体)

(目录要求自动生成)

一、实践目的(小四号，粗体)

[内容] (宋体，五号)

二、基本要求

[内容] (宋体，五号)

三、系统分析

1．系统需求
2．总体设计

[内容] (宋体，五号)

四、详细设计

1．界面设计
2．数据结构
3．程序代码

[内容] (宋体，五号)

五、测试运行结果

[内容] (宋体，五号)

六、课程设计总结

[内容] (宋体，五号)

七、教师评语

附 录

附录C C语言常见错误中英文对照

C 语言的最大特点就是小巧、灵活、高效。事实上，C 语言编译的程序对语法检查并不像其他高级语言那样严格，因此程序设计者可以灵活运用所学知识进行程序设计，但是这个灵活性有时会给程序调试带来不便，尤其对初学者来说，更是难以找到并更正程序中的逻辑错误或语法错误。下面将编程时出现的错误进行汇总分析，以供参考。

`fatal error C1003: error count exceeds number; stopping compilation`

中文对照：错误太多，停止编译。
分析：修改之前的错误，再次编译。

`fatal error C1004: unexpected end of file found`

中文对照：文件未结束。
分析：一个函数或者一个结构定义缺少"}"，或者在一个函数调用或表达式中括号没有配对出现，或者注释符"/*…*/"不完整等。

`fatal error C1083: Cannot open include file: 'xxx': No such file or directory`

中文对照：无法打开头文件"xxx"：没有这个文件或路径。
分析：头文件不存在，或者头文件拼写错误，或者文件为只读。

`fatal error C1903: unable to recover from previous error(s); stopping compilation`

中文对照：无法从之前的错误中恢复，停止编译。
分析：引起错误的原因很多，建议先修改之前的错误。

`error C2001: newline in constant`

中文对照：常量中创建新行。
分析：字符串常量多行书写。

`error C2006: #include expected a filename, found 'identifier'`

中文对照：#include 命令中需要文件名。
分析：一般是头文件未用一对双引号或尖括号括起来，如"#include stdio.h"。

`error C2007: #define syntax`

中文对照：#define 语法错误。
分析：例如，#define 后缺少宏名，如"#define"。

`error C2008: 'xxx' : unexpected in macro definition`

中文对照：宏定义时出现了意外的 xxx。
分析：宏定义时宏名与替换串之间应有空格，如"#define TRUE"1""。

`error C2009: reuse of macro formal 'identifier'`

中文对照：带参宏的形式参数重复使用。

分析：宏定义如有参数不能重名，例如，"#define s(a,a) (a*a)"中参数 a 重复。

`error C2010:'character' : unexpected in macro formal parameter list`

中文对照：带参宏的参数表出现未知字符。

分析：例如，"#define s(r|) r*r"中参数多了一个字符"|"。

`error C2014: preprocessor command must start as first nonwhite space`

中文对照：预处理命令前面只允许空格。

分析：每一条预处理命令都应独占一行，不应出现其他非空格字符。

`error C2015: too many characters in constant`

中文对照：常量中包含多个字符。

分析：字符型常量的单引号中只能有一个字符，或者以"\"开始的一个转义字符。

`error C2017: illegal escape sequence`

中文对照：转义字符非法。

分析：一般是转义字符位于 '' 或 " " 之外，如 "char error = ' '\n;"。

`error C2018: unknown character '0xhh'`

中文对照：未知的字符 0xhh。

分析：一般是输入了中文标点符号，例如，"char error = 'E'；"中"；"为中文标点符号。

`error C2019: expected preprocessor directive, found 'character'`

中文对照：期待预处理命令，但有无效字符。

分析：一般是预处理命令的#号后误输入其他无效字符，如 "#!define TRUE 1"。

`error C2021: expected exponent value, not 'character'`

中文对照：期待指数值，不能是字符。

分析：一般是浮点数的指数表示形式有误，如 123.456E。

`error C2039: 'identifier1' : is not a member of 'idenifier2'`

中文对照：标识符 1 不是标识符 2 的成员。

分析：程序错误地调用或引用结构体、共用体、类的成员。

`error C2048: more than one default`

中文对照：default 语句多于一个。

分析：switch 语句中只能有一个 default，删去多余的 default。

`error C2050: switch expression not integral`

中文对照：switch 表达式不是整型的。

分析：switch 表达式必须是整型(或字符型)，例如，"switch ("a")"中表达式为字符串，这是非法的。

error C2051: case expression not constant

中文对照：case 表达式不是常量。

分析：case 表达式应为常量表达式，例如，"case "a"" 中 ""a"" 为字符串，这是非法的。

error C2052: 'type' : illegal type for case expression

中文对照：case 表达式类型非法。

分析：case 表达式必须是一个整型常量(包括字符型)。

error C2057: expected constant expression

中文对照：期待常量表达式。

分析：一般是定义数组时数组长度为变量，例如，"int n=10; int a;" 中 n 为变量，是非法的。

error C2058: constant expression is not integral

中文对照：常量表达式不是整数。

分析：一般是定义数组时数组长度不是整型常量。

error C2059: syntax error : 'xxx'

中文对照："xxx" 语法错误。

分析：引起错误的原因很多，可能多加或少加了符号 xxx。

error C2064: term does not evaluate to a function

中文对照：无法识别函数语言。

分析：①函数参数有误，表达式可能不正确，例如，"sqrt(s(s-a)(s-b)(s-c));" 中表达式不正确；②变量与函数重名或该标识符不是函数，例如，"int i,j; j=i();" 中 i 不是函数。

error C2065: 'xxx' : undeclared identifier

中文对照：未定义的标识符 xxx。

分析：①如果 xxx 为 cout、cin、scanf、printf、sqrt 等，则程序中包含头文件有误；②未定义变量、数组、函数原型等，注意拼写错误或区分大小写。

error C2078: too many initializers

中文对照：初始值过多。

分析：一般是数组初始化时初始值的个数大于数组长度，如 "int b={1,2,3};"。

error C2082: redefinition of formal parameter 'xxx'

中文对照：重复定义形式参数 xxx。

分析：函数首部中的形式参数不能在函数体中再次被定义。

error C2084: function 'xxx' already has a body

中文对照：已定义函数 xxx。

分析：在 VC++ 早期版本中函数不能重名，VC++ 6.0 中支持函数的重载，函数名相同但参数不一样。

```
error C2086: 'xxx' : redefinition
```

中文对照：标识符 xxx 重定义。

分析：变量名、数组名重名。

```
error C2087: '<Unknown>' : missing subscript
```

中文对照：下标未知。

分析：一般是定义二维数组时未指定第二维的长度，如"int a[];"。

```
error C2100: illegal indirection
```

中文对照：非法的间接访问运算符"*"。

分析：对非指针变量使用"*"运算。

```
error C2105: 'operator' needs l-value
```

中文对照：操作符需要左值。

分析：例如，"(a+b)++;"语句中的"++"运算符无效。

```
error C2106: 'operator': left operand must be l-value
```

中文对照：操作符的左操作数必须是左值。

分析：例如，"a+b=1;"语句中的"="运算符左值必须为变量，不能是表达式。

```
error C2110: cannot add two pointers
```

中文对照：两个指针量不能相加。

分析：例如，"int *pa,*pb,*a; a = pa + pb;"中两个指针变量不能进行"+"运算。

```
error C2117: 'xxx' : array bounds overflow
```

中文对照：数组 xxx 边界溢出。

分析：一般是字符数组初始化时字符串长度大于字符数组长度，如"char str = "abcd";"。

```
error C2118: negative subscript or subscript is too large
```

中文对照：下标为负或下标太大。

分析：一般是定义数组或引用数组元素时下标不正确。

```
error C2124: divide or mod by zero
```

中文对照：被零除或对 0 求余。

分析：例如，"int i = 1 / 0;"语句中的除数为 0。

```
error C2133: 'xxx' : unknown size
```

中文对照：数组 xxx 长度未知。

分析：一般是定义数组时未初始化也未指定数组长度，如"int a[];"。

```
error C2137: empty character constant
```

中文对照：字符型常量为空。

分析：一对单引号"''"中不能没有任何字符。

```
error C2143: syntax error : missing 'token1' before 'token2'
error C2146: syntax error :
missing 'token1' before identifier 'identifier'
```

中文对照：在标识符或语言符号2前漏写语言符号1。

分析：可能缺少"{"、"("或";"等语言符号。

```
error C2144: syntax error : missing ')' before type 'xxx'
```

中文对照：在xxx类型前缺少")"。

分析：一般是函数调用时定义了实参的类型。

```
error C2181: illegal else without matching if
```

中文对照：非法的没有与if相匹配的else。

分析：可能多加了";"或复合语句没有使用"{}"。

```
error C2196: case value '0' already used
```

中文对照：case值0已使用。

分析：case后常量表达式的值不能重复出现。

```
error C2296: '%' : illegal, left operand has type 'float'
error C2297: '%' : illegal, right operand has type 'float'
```

中文对照：%运算的左(右)操作数类型为float，这是非法的。

分析：求余运算的对象必须均为int类型，应正确定义变量类型或使用强制类型转换。

```
error C2371: 'xxx' : redefinition; different basic types
```

中文对照：标识符xxx重定义；基类型不同。

分析：定义变量、数组等时重名。

```
error C2440: '=' : cannot convert from 'char ' to 'char'
```

中文对照：赋值运算，无法从字符数组转换为字符。

分析：不能用字符串或字符数组对字符型数据赋值，更一般的情况是，类型无法转换。

```
error C2447: missing function header (old-style formal list?)
error C2448: '<Unknown>' : function-style initializer appears to be a
function definition
```

中文对照：缺少函数标题(是否是老式的形式表？)。

分析：函数定义不正确，函数首部的"( )"后多了分号或者采用了老式的C语言的形参表。

error C2450: switch expression of type 'xxx' is illegal

中文对照：switch 表达式为非法的 xxx 类型。
分析：switch 表达式类型应为 int 或 char。

error C2466: cannot allocate an array of constant size 0

中文对照：不能分配长度为 0 的数组。
分析：一般是定义数组时数组长度为 0。

error C2601: 'xxx' : local function definitions are illegal

中文对照：函数 xxx 定义非法。
分析：一般是在一个函数的函数体中定义另一个函数。

error C2632: 'type1' followed by 'type2' is illegal

中文对照：类型 1 后紧接着类型 2，这是非法的。
分析：如"int float i;"语句。

error C2660: 'xxx' : function does not take n parameters

中文对照：函数 xxx 不能带 n 个参数。
分析：调用函数时实参个数不正确，如"sin(x,y);"。

error C2676: binary '<<' : 'class istream_withassign' does not define this operator or a conversion to a type acceptable to the predefined operator
error C2676: binary '>>' : 'class ostream_withassign' does not define this operator or a conversion to a type acceptable to the predefined operator

分析：">>"、"<<"运算符使用错误，如"cin<<x;cout>>y;"

error C4716: 'xxx' : must return a value

中文对照：函数 xxx 必须返回一个值。
分析：仅当函数类型为 void 时，才能使用没有返回值的返回命令。

fatal error LNK1104: cannot open file "Debug/Cpp1.exe"

中文对照：无法打开文件 Debug/Cpp1.exe。
分析：重新编译。

fatal error LNK1168: cannot open Debug/Cpp1.exe for writing

中文对照：不能打开 Debug/Cpp1.exe 文件。
分析：一般是 Cpp1.exe 还在运行，未关闭。

fatal error LNK1169: one or more multiply defined symbols found

中文对照：出现一个或更多的多重定义符号。
分析：一般与 error LNK2005 一同出现。

error LNK2001: unresolved external symbol _main

中文对照：未处理的外部标识 main。

分析：一般是 main 拼写错误，如 "void mian()"。

`error LNK2005: _main already defined in Cpp1.obj`

中文对照：main 函数已经在 Cpp1.obj 文件中定义。

分析：未关闭上一程序的工作空间，导致出现多个 main 函数。

`warning C4067: unexpected tokens following preprocessor directive - expected a newline`

中文对照：预处理命令后出现意外的符号 "-" 期待新行。

分析："#include <iostream.h>;"命令后的 ";"为多余的字符。

`warning C4091: '' : ignored on left of 'type' when no variable is declared`

中文对照：当没有声明变量时忽略类型说明。

分析：语句 "int ;"未定义任何变量，不影响程序执行。

`warning C4101: 'xxx' : unreferenced local variable`

中文对照：变量 xxx 定义了但未使用。

分析：可去掉该变量的定义，不影响程序执行。

`warning C4244: '=' : conversion from 'type1' to 'type2', possible loss of data`

中文对照：赋值运算，从数据类型 1 转换为数据类型 2，可能丢失数据。

分析：需正确定义变量类型，数据类型 1 为 float 或 double、数据类型 2 为 int 时，结果有可能不正确，数据类型 1 为 double、数据类型 2 为 float 时，不影响程序结果，可忽略该警告。

`warning C4305: 'initializing' : truncation from 'const double' to 'float'`

中文对照：初始化，截取双精度常量为 float 类型。

分析：出现在对 float 类型变量赋值时，一般不影响最终结果。

`warning C4390: ';' : empty controlled statement found; is this the intent?`

中文对照："；"控制语句为空语句，是程序的意图吗？

分析：if 语句的分支或循环控制语句的循环体为空语句，一般是多加了 "；"。

`warning C4508: 'xxx' : function should return a value; 'void' return type assumed`

中文对照：函数 xxx 应有返回值，假定返回类型为 void。

分析：一般是未定义 main 函数的类型为 void，不影响程序执行。

`warning C4552: 'operator' : operator has no effect; expected operator with side-effect`

中文对照：运算符无效果；期待副作用的操作符。

分析：例如，"i+j;"语句中的 "+"运算无意义。

`warning C4553: '==' : operator has no effect; did you intend '='?`

中文对照："=="运算符无效；是否为"="？

分析：例如，"i==j;"语句中的"=="运算无意义。

```
warning C4700: local variable 'xxx' used without having been initialized
```

中文对照：变量 xxx 在使用前未初始化。

分析：变量未赋值，结果有可能不正确，如果变量通过 scanf 函数赋值，则有可能漏写"&"运算符，或变量通过 cin 赋值，语句有误。

```
warning C4715: 'xxx' : not all control paths return a value
```

中文对照：函数 xx 不是所有控制路径都有返回值。

分析：一般是在函数的 if 语句中包含 return 语句，当 if 语句的条件不成立时没有返回值。

```
warning C4723: potential divide by 0
```

中文对照：有可能被 0 除。

分析：表达式值为 0 时不能作为除数。

参 考 文 献

[1] 谭浩强.C 程序设计试题汇编[M]. 北京：清华大学出版社，2002.

[2] 夏耘，吉顺如，王学光. 大学程序设计(C)实践手册[M]. 上海：复旦大学出版社，2008.

[3] 郭有强.C 语言程序设计实验指导与课程设计[M]. 北京：清华大学出版社，2009.

[4] 李丹程，刘莹，那俊.C 语言程序设计案例实践[M]. 北京：清华大学出版社，2009.

[5] 段兴.C 语言实用程序设计 100 例[M]. 北京：人民邮电出版社，2002.

[6] 胡学钢，王浩. 计算机科学与技术专业软件系列课程实践教程(修订本)[M]. 合肥：合肥工业大学出版社，2003.

[7] 姜雪，王毅，刘立君.C 语言程序设计实验指导[M]. 北京：清华大学出版社，2009.

[8] 谭浩强，张基温.C 语言程序设计教程[M]. 北京：高等教育出版社，1991.